KB071263

초등
온택트
공부법

20년 차
베테랑 교사가 전하는
혼자 공부의 힘

# 초등
# 온택트
# 공부법

김효경 지음

청림Life

# 아이가 공부와 친해질 수 있는 절호의 시간

"코로나19 이후는 결코 코로나19 이전 시대로 돌아가지 않을 것이다."

요즘 들어 가장 많이 듣는 말입니다. 그렇다면 교육 분야는 어떨까요? 과연 코로나19 이전 시대의 학습법이 코로나19 이후 시대에도 통할 수 있을까요? 교실 책상 앞에 앉아 있던 아이들이 자기 방 컴퓨터 앞에서 똑같이 앉아 있을 수 있을까요?

온라인 개학을 통해 부모님들은 자녀들의 민낯을 봤을 것입니다. 매일 아침 학교로 갔던 아이들과 집에서 온종일 함께하다 보니 예상치 못한 모습을 마주하고 당황하기도 했을 겁니다. 교실에 앉아 있으니 공부 잘하고 있겠지, 선생님 말씀 잘 듣고 있겠지 하고 막연하게만 그리던 모습을 가정에서도 기대했겠죠. 하지만 아이들이 학습을 하거나 뭔가 하고는 있는 것 같은데 제대로 하고 있는지 확인하기 힘들었을 것입니다. 심하게는 책상 앞, 컴퓨터 앞에 앉아 있는 것조차 힘들어하는 자녀를 붙들고 싸우기도 수차례 했을 것입니다.

저는 현직 초등교사로서 코로나19 시대를 경험하며 초유의 온라인 개학을 맞아 수업 콘텐츠를 만들고 과제를 제시하고 그 결과를 제 눈으로 확인했습니다. 혼란스러워하고 힘들어하는 아이들은 어떻게 공부해야 할지 그 방법을 몰라 헤매고 있는 모습이었습니다. 학교에서 선생님과 몇 시간 수업을 하면 공부가 다 끝났다고 생각하던 아이들이 컴퓨터 모니터 앞에서 수업 영상을 스스로 확인하며 학습해야 하는 상황이었기 때문입니다.

저 또한 중학생과 초등학생 자녀를 둔 엄마이기도 하기에 학부모의 마음으로 미래에 대한 불안과 불확실성을 안고, 앞으로 어떻게 교육해야 하는지에 대한 고민을 할 수밖에 없었습니다.

그래서 저는 이 책을 통해 온택트ONTACT라는 새로운 시대의 흐름과, 학생을 비롯해 학부모가 꼭 알아야 할 변화된 학습 환경을 소개하고자 합니다. 완전히 새로운 학습 환경에 적응하기 위한 학습법을 'ONTACT 학습법'으로 정리했습니다.

Object   혼자 공부에 재미를 더하는 목표 세우기
Note   키보드보다 연필이 학습력을 키운다
Table&Textbook   학습의 기본, 책상과 교과서 점검하기

Action    손끝과 발끝에서 시작되는 공부 습관
Contents    학습의 빈틈을 없애는 완벽한 집 공부 콘텐츠
Test&Teaching    진짜 공부는 누군가를 가르치는 것이다

이 여섯 가지 학습법은 아이들이 혼자 공부할 때 꼭 갖추어야 할 학습 방법이자 학습 정보로 가정에서의 온라인 학습을 돕는 방법을 정리한 것입니다. 학습법을 순서대로 배우지 않아도 되고 여섯 가지 모두를 마스터하지 않아도 됩니다. 한 가지 학습 방법이 꾸준히 자리 잡는다면 또 다른 학습 방법을 배우는 것은 그리 어렵지 않을 것입니다. 또 학년별로 ONTACT 학습법을 적용하는 방법과 인성 분야를 관리할 수 있는 방법도 제시하고자 합니다. 코로나 팬데믹으로 인한 혼공시대를 맞아 학생과 학부모가 혼란스러운 공부시대에 머물지 않고 혼자서도 성공시대를 개척할 수 있도록 돕고 싶습니다.

그러나 무엇보다 이 책 한 권을 쓰기 위해 다른 책들을 찾아보고 내용을 정리하면서 가장 큰 도움을 받은 것은 정작 저 자신임을 깨달았습니다. 책 속의 방법들을 정리하고 적용해 보면서 ONTACT 학습법 중 하나인 티칭 데이Teaching Day를 저희 집 아이들은 물론 반 아이들과도 함께 해보는 즐겁고 소중한 경험이 됐습니다. 모쪼록 ONTACT 학습법으로 집에서든 학교에서든 아이가 공부와 친해지는 시간이 되길 바랍니다.

너무나 부족한 제가 책을 쓸 수 있도록 시작을 도와주신 분들께 지면을 통해 큰 감사의 인사를 드리고 싶습니다. 그리고 제 글의 가능성을 보시고 책으로 출간될 수 있도록 도와주신 청림출판 대표님과 담당 편집자께도 깊은 감사의 인사를 드립니다. 또한 제가 책을 쓸 수 있도록 지지해주고 격려해주고 기다려준 남편과 아이들에게도 사랑한다는 말과 함께 고맙다는 말을 꼭 해주고 싶습니다.

　끝으로 저를 향한 끝없는 사랑으로 한 걸음 한 걸음 인도해주시는 나의 주 나의 하나님에게 감사와 영광을 올려 드립니다.

**목차**

## 3장
## 혼자 공부를 완벽한 학습으로 만드는
## 6단계 공부 플랜

# 4장
# 초등 6년, 혼자 공부 습관으로 마스터하라

1장

포스트 코로나 시대,
·············································································
공부에 관한 모든 것이 바뀐다
·············································································

만약 학교가 사라진다면,
우리 아이 공부는 어떻게 될까

온라인 개학 '무작정' 발표에 교육 현장은 혼란과 불안만…
교육부, 온라인 사각지대·직업계고교·학생평가 등 대책 없어

2020.04.01. 뉴데일리

초등 온택트 공부법

저는 초등학교 교사입니다.

학교 현장은 코로나19로 인해 온라인 콘텐츠와 과제 제출의 형식으로 운영하는 온라인 수업이 시작됐습니다. 교사도, 학생도 몇 년 전부터 거꾸로 수업flipped learning이나 블렌디드 러닝blended learning이라는 이름의 수업 방식을 몇 차례 경험만 했을 뿐, 이렇게 갑작스럽게 온라인 수업으로 전환될 줄 몰랐습니다. 마치 목욕탕의 뜨거운 욕조 안에 발가락을 조금씩 담그고 한 발 두 발 물 온도와 몸 온도를 맞추며 몸을 담그려고 하는 찰나에 누군가 뒤에서 등을 확 떠밀어 욕조 안으로 풍덩 빠진 느낌이라고 할까요?

학부모들의 스트레스도 무시할 수 없었죠. 요즘은 학교마다 학사 일정이 달라서 어떤 학교들은 겨울방학에 학교 공사를 실시합니다. 그러면 12월부터 2월까지 개학 없이 지내다 새 학년 새 학기를 맞이하는 경우가 생겨요. 꼭 그렇지 않더라도 2월에는 대부분 학교의 등교 일수가 일주일 정도밖에 되지 않습니다. 삼시 세끼 하랴, 체험 학습 다니랴, 뒤치다꺼리하느라 여간 힘든 것이 아닙니다. 그런데 3월부터 코로나로 개학이 미뤄지더니 4월과 5월에는 어디로 가지도 못하고 꼼짝없이 컴퓨터 앞에 앉아 아이의 온라인 학습을 봐줘야 하는 신세가 된 것이죠. 시쳇말로 죽을 맛이었을 겁니다.

최대 6개월 동안 집에서 아이와 함께 보내면서 학습에 보육까지 해줘야 하는 상황! 그러나 대한민국 엄마들이 어떤 엄마들입니까? 막상 닥치면 또 다 해냅니다.

문제는 제대로 하고 있다는 확신이 서지 않는다는 것이겠죠. 아이들은 이미 늦게 자고 늦게 일어나는 생활 습관에 길들어 있고, 온라인 학습을 하긴 하는 것 같은데 제대로 하는지도 모르겠고, (학교마다 다르겠지만) 아이가 해결해야 할 학습지의 양은 또 왜 그리도 많은지요. 어떤 학교에서는 배움 공책을 나눠주고는 아이들이 배운 내용을 정리하라고 해요. 그러면 또 아이는 정리하는 방법을 몰라서 계속 엄마를 불러냅니다.

"엄마, 어떻게 해?"

교사들도 시행착오를 겪긴 마찬가지였어요. 웹캠을 준비해 실시간 쌍방향 수업을 해보기도 하고, 영상을 찍어 유튜브에 올려보기도 하고, PPT와 시나리오를 준비하고 과제형과 혼합해 제시하면서 수업 영상을 꾸역꾸역 올리느라 정신이 없을 정도예요. 하지만 정작 학생들이 수업을 제대로 이해하고 있는지 의구심을 가지며 혼란의 시간을 보냈답니

초등 온택트 공부법

다. 그리고 드디어 대망의 등교 개학! 우리는 그동안 우여곡절 끝에 준비한 온라인 수업의 결과를 보게 됐습니다.

## 초등 부모의 관심이
## 아이의 공부 격차를 만든다

코로나 수능, '성적 중산층' 붕괴 우려…
중위권 규모 줄고 학력 양극화 극심

2020.07.28. 에듀진

2021학년도 대학수학능력시험 6월 모의 평가 결과, 중위권이 무너졌습니다. 학력의 양극화가 심해진 것입니다. 즉, 공부 잘하는 학생의 성적은 더 높아졌는데 중하위권 학생의 성적은 더 낮아졌다는 의미죠. 과연 고등학생만 그럴까요?

교사들은 온라인 개학을 마치고 등교 개학을 준비하면서 학생들의 학습 시간과 온라인 과제 제출 검사를 다시 꼼꼼히 했습니다. 대개 콘텐츠와 과제 제출이 혼합형으로 제시된 온라인 학습의 경우 영상을 15~20분 정도로 제작합니다. 그리고 영상을 보고 해결할 수 있는 과제를 제시하죠.

배움 공책을 쓰거나 교과서에 답을 적거나, 교과서 뒤에 있는 참고자료(혹은 부록)를 뜯어서 만들기를 시키기도 하고요. 그래서 등교 개학 때는 학생들이 과제를 충실하게 해왔는지를 검사하도록 돼 있습니다. 과연 결과는 어땠을까요?

여러분이 예상하는 대로 학습 격차는 상당히 벌어져 있었습니다. 어떤 학생은 과제는커녕 온라인 학습 플랫폼에 접속조차 하지 않았죠. 교사가 매일 아침마다 전화를 해야 할 정도였습니다. 어떤 학생은 분명 학습 시간은 채웠는데 과제는 했다가 안 했다가 들쑥날쑥했어요. 또 다른 학생은 영상으로 공부 내용을 보긴 했는데 기억이 나지 않는다고도 하더군요. 핵심과 완전히 동떨어진 내용들만 배움 공책에 적어놓은 아이들도 있었고요.

물론 과제를 충실하게 수행해 제출하고 학습 시간을 잘 채운 학생들도 있었습니다. 교사의 가이드에 따라 답을 적기도 하고 자신의 의견을 적기도 했어요.

교사들은 하나같이 비대면 수업을 통해 학습 격차가 심화됐다고 입을 모았습니다. 무엇보다 피드백을 강화해야 한다는 의견이 압도적이었습니다. 하지만 의아한 것이 있었습니다. 온라인 학습 기간 동안 교사가 상위권 학생들에게만 또 다른 학습 내용을 제공한다거나 더 많은 피드백을 제공한 것이 아니었다는 점이죠. 상위권 학습자들 스스로가 해낸 것이었습니다.

그러한 격차가 생긴 원인이 무엇이었을까요? 가정에서 학부모가 꼼꼼히 검사해줬기 때문은 아닐까요? 한 중학교 선생님은 학생들에게 관심이 많은 가정에서는 학부모가 청소년 체조를 다 외워버리기도 했다는 웃픈 이야기를 전해줬습니다. 제가 몸담고 있는 초등학교에서도 학부모의 관심 여부에 따라 온라인 수업 결과가 달라지는 것을 확인할 수 있었습니다. 단, 대부분 초등 저학년에게만 해당됐습니다. 고학년으로 올라갈수록 학부모가 관심을 가지는 비율은 떨어지고 학생 개개인이 보이는 학습력 여부에 따라 결과는 급격히 달라졌습니다.

# 온택트 학습력,
# 아이에게 필요한 진짜 공부 습관

"언택트(untact) 이어 '온택트(ontact)' 문화 온다"
한국과학기술정보연구원(KISTI), 이슈브리프 분석

2020.07.28. AI타임스

'온택트 학습력'이란 무엇일까요? 제가 만든 말인 온택트 학습력을 정의하기에 앞서 온택트와 학습력 각각의 정의를 살펴봅시다.

우선 온택트ontact는 교실에서 교사와 학생이 서로 대면해 수업하는 오프라인off line의 반대말로, 교사와 학생이 온라인on line 상태에서 비대면untact으로 수업하는 상황을 의미합니다.

그런데 왜 비대면 대신 온택트라는 용어를 사용했을까요? 학습 상황은 비록 비대면 상태일지라도 학습자 간, 학습 내용 간 그리고 교사와의 연결을 '온on'해놓은 상태여야 한다는 뜻입니다. 즉, 학생들이 대부분 가정에서 혼자 컴퓨터 앞에 앉아 있긴 해도, 고립된 상태가 아닌 온라인 상에서 학습으로 연결돼 있어야 한다는 뜻입니다.

다음으로 학습력이란 무엇일까요? 학습력學習力, learning capabilities은 학생이 학습해 획득한 능력으로, 실제적 문제 상황에 전이轉移되는 힘을 지닌 학습 능력을 의미하는 교육학 용어입니다. 교육심리학에서는 학습자 혼자 혹은 주변 동료나 교사 등과의 협력적 관계를 통해 바람직한 행위 상태에 도달할 수 있게 해주는 학습자의 능력을 말합니다. 즉, 학습자가 학습하기 위해 갖춰야 할 기초 능력이자 배운 내용을 응용해낼 수 있는 능력이라 할 수 있죠.

그렇다면 다시 온택트 학습력이란 무엇일까요? 저는 이 용어를 온라인상의 학습 상태에서 학생이 제대로 된 학습을 할 수 있게 만드는 능력이자, 온라인 학습 내용을 오프라인과 온라인 어디서든 응용해낼 수 있는 능력이라고 정의하고 싶습니다.

학교 현장에 있으나 자기 방 컴퓨터 앞에 앉아 있으나 누가 시키지 않아도 스스로 학습을 지속시킬 수 있는 능력, 누가 시키지 않아도 배움을 확장시켜 나가는 능력 말입니다. 이 능력이야말로 4차 산업혁명 시대, 포스트 코로나 시대로 강제 소환된 우리 학생들에게 진짜 필요한 능력이 아닐까요?

어쩌면 지금까지 우리는 학생들, 즉 내 아이의 쭉정이와 같은 겉모습만 보고 있었는지도 모릅니다. 책상 앞에 앉아 있으니 공부하고 있겠거니, 교사를 바라보고 있으니 다 이해하고 있겠거니 하고 말이죠. 그동안은 쭉정이와 진짜 알곡을 구별해내기가 힘들었죠.

그런데 코로나19라는 큰 도전을 만나고 나니 쭉정이와 진짜 알곡, 가짜와 진짜를 구별할 수 있게 됐습니다. 누가 진짜 공부를 하고 있었는지, 진짜 공부를 한다는 것이 무엇인지 확인할 수 있게 된 것입니다. 진짜가 나타난 것입니다.

우리 아이는 진짜 공부를 하는 알곡인가요? 아니면 가짜 공부를 하는 쭉정이인가요?

# 짝꿍도 없는 랜선 교실로
# 전학을 간 아이들

**코로나로 갑작스럽게 바뀐 교실, 앞으로는?**

2020.06.18. 중앙일보

초등 온택트 공부법

온택트 학습 환경은 전통적 교실의 학습 환경과 완전히 다릅니다. 우선 학습 장소부터 다르죠. 실제 교사가 학생 앞에 서 있던 교실 환경에서 컴퓨터 화면 속 영상에서 교사가 등장하는 환경으로 바뀌었습니다. 마치 교사가 있는 듯 없는 듯한 학습 환경인 것이지요. 학습만 이루어지던 '교실'이라는 공간에서 학습, 놀이, 휴식이 모두 이루어지는 '집 안'으로, 그리고 '실제'의 공간에서 '가상'의 공간으로의 이주라고 할까요?

저는 비록 이민 경험은 없지만 타 지역으로 이사를 간 경험은 있습니다. 바로 옆 동네로 이사만 가도 어색할 텐데 완전히 다른 시로 거주지를 옮긴 덕분에 생각보다 쉽게 적응하지 못했던 기억이 남아 있습니다. 처음에는 지금껏 가보지 않았던 곳에 간다는 설렘으로 가득했습니다. 무난히 적응을 할 거라고 생각했죠. 외향적인 성격인 데다 새로운 도전을 즐기는 성격 때문이었죠. 게다가 어차피 다른 나라도 아닌데 적응하지 못할 이유가 없다는 낙관적인 생각도 한몫했습니다.

그런데 웬걸요. 제 예상은 보기 좋게 빗나가고 말았습니다. 친인척도 전혀 없는 곳으로 막상 이사를 오고 나니 모든 것이 얼마나 낯설고 어색하던지요. 저의 성향이나 성격과는 전혀 상관없는 당황스러운 일들도 많았습니다. 보통 같은 지역에서 근무지만 옮겨도 달라진 근무지 문화에 적응하는 데 1년이 걸린다고 해요. 그런데 완전히 다른 지역의 근무지로 옮기고 또 완전히 다른 지역의 문화를 경험하고 나니 적응하는 일이 여간 힘든 것이 아니었습니다. 대중교통을 이용하는 일도, 이웃을 새롭게 사귀는 일도, 물건을 사는 일까지도요. 분명 다른 나라도 아닌 대한민국에서 지역만 옮겼는데도 이렇게 다른 문화가 있다는 사실을 뼈저리게 경험하고 놀라기도 했습니다. 여러분도 저와 같은 경험을 갖고 있지 않나요?

하지만 언제까지 넋을 놓고 있을 수만은 없었습니다. 새 보금자리에 적응하고 살아가려면 이사 온 곳의 생활 방식을 살펴보고 그것을 새롭게 몸으로 익혀야 했죠. 새로운 환경의 새로운 이웃을 사귀기 위해서는 다양한 만남을 시도해야 했습니다. 그렇게 완벽히 적응하기까지는 사실 수년의 시간이 걸렸습니다.

학생들의 학습 환경이 달라진 것을 보며 제가 새로운 환경으로 이사를 갔던 것과 같은 느낌일 거라는 생각을 했습니다. 자신이 익숙하게 지냈던 곳에서 전혀 새로운 곳으로 이사를 가서 완전히 새롭게 적응해야 하는 느낌. 완전히 낯선 장소, 낯선 문화, 낯선 방식. 학교 교실에서 온택트 교실로의 전학.

지금 우리 학생들은 새로운 온택트 사회로 이사를 하고 온택트 교실로 전학을 온 것입니다. 결국 온택트 학습력을 키우기 위해 우선적으로 해야 할 일은 온택트 교실 환경이 어떤 환경인지 살펴보는 것입니다. 온택트 학습 환경으로 옮겨온 학생과 학부모, 교사들이 온택트 학습 환경이 어떤 환경인지를 알고 그 환경에서는 어떻게 생각하고 어떻게 행동해야 하는지 알아야 온택트 학습 환경에 적응할 수 있습니다.

그럼 온택트 학습력을 따지기 전에, 교사도 학부모도 아이들도 새롭게 적응해야 하는 온택트 교실 환경에 대해 지금부터 한번 알아볼까요? 우리가 새로 이사한 온택트 사회, 온택트 교실로 함께 가보겠습니다.

온택트 학습 환경 1.

# 쌍방향 수업 교실

**서울 초교 48% "2학기 실시간 쌍방향 수업 준비"**

**대치동 학원도 '쌍방향 라이브 수업'이 대세**

**2020.07.31. / 2020.11.11. 매일경제**

온택트 사회로 오신 것을 진심으로 환영합니다. 이곳에 처음 오신 분도 있는 것 같고요, 이전에 몇 번 와보신 분도 보이네요. 소문 듣고 이제 막 이사를 오셔서 적응하고 있는 분들도 보입니다. 온택트 사회의 환경과 생활 방식이 무척 궁금할 겁니다. 당황하지 말고 저와 함께 구석구석을 살펴보며 이 사회가 어떤 곳인지 천천히 알아보길 바랍니다.

온택트 사회의 학습 환경을 살펴보려면 우선 어떤 땅 위에 지어졌는지 살펴봐야 합니다. 지반에 따라 세울 수 있는 건물과 도로 형태가 달라지니까요. 이 사회는 온라인 환경이라는 지반 위에 세워졌습니다. PC(노트북)나 태블릿 PC, 스마트폰 등과 같은 정보화 기기를 바탕으로 하는 환경을 말하는 것은 다 아실 테죠?

그리고 와이파이나 LTE가 구축돼 있어 인터넷에 접속할 수 있는 세상을 우선 떠올릴 수 있을 겁니다. 온라인 개학이 초읽기에 들어간 2020년 3월, 교육부가 학교와 가정을 대상으로 정보화 기기가 몇 대인지, 인터넷이 가능한 환경인지, 학교에서 대여 가능한 정보화 기기는 몇 대인지를 부지런히 조사한 것도 그 때문입니다.

아직 온택트 사회의 지반이 완벽하고 튼튼한 상태라고 볼 수는 없습니다. 갑자기 많은 사람이 한꺼번에 몰리기라도 한다면, 지금의 온택트 사회는 거의 마비가 되고 말 겁니다. 여전히 지속적인 보완이 필요한 상태라고 할 수 있죠.

일단 온라인 환경에는 PC나 웹캠, 노트북(크롬북), 스마트폰, 태블릿 PC와 같은 정보화 기기가 필수적입니다. 하지만 이런 것들은 그저 기반일 뿐, 바로 온라인을 기반으로 하는 가상 환경에 더욱 주목해야 합니다.

저기 학교가 하나 보이네요! 여러분이 궁금해하는 온택트 사회의 공간 중 제가 소개하고자 하는 공간입니다. 교실 안으로 들어가보죠. 우리가 모두 알고 있는 그 교실을 옮겨 놓은 듯한 환경이지만 분명 이전의 교실과는 많이 다를 겁니다.

우선 이 학교에는 세 종류의 교실이 있습니다. 실시간 쌍방향 수업 교실, 콘텐츠 중심 단방향 수업 교실 그리고 블렌디드blended 교실입니다. 실시간 쌍방향 수업 교실이 온택트 사회가 계획하는 방향에 더 가까운 형태라고 볼 수 있지만, 반드시 그런 것만도 아니라는 것은 몇 번의 경험을 통해 알게 됐습니다. 또 콘텐츠 중심 단방향 교실이 온택트 사회가 계획하는 방향에 어긋난 것도 아닙니다. 마지막 블렌디드 교실은 온라인과 오프라인이 적절히 절충된 교실입니다. 온라인 수업만으로 부족한 내용을 오프라인과 병행하면서 상호 보완하는 형태라고 보면 됩니다.

먼저 실시간 쌍방향 수업 교실을 살펴보죠. 이곳에서는 학습자들이 줌Zoom이나 밋Meet 등을 활용해 화면상으로 교사와 실시간 소통을 하면서 비대면 수업을 들을 수 있습니다. 이때 학습자들은 비록 화면 앞에 혼자 앉아 있지만 학습자와 학습자 간, 교사와 학습자 간 온라인으로 연결on돼 있습니다. 학습 내용과도 실시간으로 연결on돼 있어 정보를 실시간으로 얻을 수 있죠.

특히 쌍방향 수업을 할 때는 카메라 기능을 갖춘 정보화 기기가 반드시 필요합니다. PC만 있다면 웹캠과 마이크를 필수적으로 준비해야 합니다. 요즘 웹캠에는 마이크가 내장돼 있어 별도의 마이크 구입 없이도 간편하게 사용할 수 있습니다. 다만 최근 웹캠의 수요가 증가해 금방 품절되거나 가격이 급등했기 때문에 적절한 가격대의 제품을 미리 마련해두면 좋습니다.

쌍방향으로 상호 작용이 가능하다는 특징 덕분에 학부모들은 학생들이 학습을 잘하고 있는지 아닌지를 신경 쓰는 정도가 단방향 수업일 때보다 줄었다고 합니다. 저 또한 쌍방향 수업을 통해 학생들의 부족한 부분이나 도달 수준을 바로바로 확인하고 과제를 제시하며 피드백을 주었기 때문에 학부모들로부터 자녀의 학습을 신경 써야 하는 부담감이 많이 줄었다는 반응을 꽤 들었습니다.

이러한 학습 환경에서는 학습자의 책임감 있는 참여가 중요합니다.

화면에 얼굴이 보이므로 누구라도 학습자의 태도를 바로 확인할 수 있습니다. 수업에 참여한 사람이라면 학습 태도에 신경을 쓰고 책임감 있게 행동해야 합니다. 비록 화면상일지라도 지금 학습자는 수업을 받고 있고, 학습을 하고 있다는 점을 학습자 스스로에게 인식시켜야 합니다. 잠에서 덜 깬 모습에 옷도 갈아입지 않은 채 소파에 앉아 수업을 듣는다면 다른 사람들에게 불쾌감을 줄 수도 있습니다. 온택트 사회에서도 사람들 사이에서 지켜야 할 문화적 예절이 있다는 것을 기억하세요. 만약 실제 학교에서 그런 모습으로 수업을 듣는다면 누구라도 이상하게 쳐다보지 않겠어요? 비대면이지만 실시간으로 연결돼 있고 서로 소통할 수 있는 학습 환경이므로 수업 태도 면에서는 오프라인과 다르지 않게 행동해야 합니다.

학습자 간의 상호 작용은 어떨까요? 예를 들어 현재 많이 사용하고 있는 화상 회의 플랫폼인 줌에는 학습자 간의 상호 작용을 적극적으로 이끌어낼 수 있는 소회의 기능이 있습니다. 그룹 회의 기능을 통해 수업에 참여한 학생들은 모둠 활동 형식의 활동이 가능해집니다. 즉, 교실에서처럼 짝 활동과 모둠 활동이 가능해지므로 학습자 간 상호 작용을 촉진할 수 있다는 말입니다. 그럼 교사와의 상호 작용과 피드백은 어떨까요? 실시간 온택트 상태에서는 질문과 피드백이 바로바로 가능합니다. 학생은 질문을 통해 궁금증을 바로 해소할 수 있고, 교사 또한 학생의 학습 내용의 이해 정도를 바로 확인할 수 있습니다.

학습 활동 방식에 대해서도 살펴볼까요? 전통적인 교실 수업은 교사의 활동(설명, 시범 등)과 학습자의 활동(연습, 토의, 토론 등)으로 구분할 수 있습니다. 사실 둘은 긴밀하게 연결돼 있죠. 학생들은 교사의 설명이나 시범을 보고 들은 뒤 스스로 연습하기도 하고 토론이나 토의를 하기도 합니다. 그러면 교사는 학생들의 활동 내용을 보고 내용을 정리하거나 수정해줍니다. 그런데 쌍방향 수업 교실에서는 전통적인 교실에서 일어나던 다양한 활동을 할 수가 없습니다. 아직까지는 교사나 학생들이 기기의 작동이나 프로그램 사용법에 익숙하지 않기 때문입니다.

자, 쌍방향 수업 교실에 대해 어느 정도 이해가 됐나요? 정리하자면 쌍방향 수업에서는 카메라와 마이크 기능을 갖춘 PC나 정보화 기기가 무엇보다 필요합니다. 학생들은 책임감 있는 수업 태도를 갖춰야 하고, 학습자와 학습자 간 그리고 교사와 학습자 간의 적극적인 상호 작용도 필요합니다. 또 현재까지는 교사의 설명에 따라 학생들이 완벽하게 활동을 하는 데 제한이 따른다는 취약점이 있습니다. 쌍방향 수업 교실이라는 것이 지금까지 경험했던 교실을 현실에서 온라인상으로 단순히 옮기는 문제가 아니라는 것을 이제 아시겠죠?

그러면 이제 또 다른 교실, 단방향 수업 교실은 어떠한지 알아보도록 하겠습니다.

온택트 학습 환경 2.

# 단방향 수업 교실

▶‖ ●━━━━━━━━━━━━━━━━━━━━━━━━

쌍방향 수업 안 하는 학교 수두룩 … "출결관리 힘들고 자주 끊겨"
온라인 개학 날 단방향 수업이 압도적

2020.04.09. 한국일보

초등 온택트 공부법

두 번째 교실은 바로 단방향 수업 교실입니다. 현재 온택트 사회에서 가장 많은 비율을 차지하고 있죠. 이 교실도 당연히 온라인 환경 지반 위에 세워졌으므로 당연히 정보화 기기가 필요합니다. 그런데 앞서 봤던 쌍방향 수업 교실과는 몇 가지 차이점이 있죠.

물리적인 환경부터 다릅니다. 쌍방향 수업에서는 반드시 필요한 웹 캠이나 마이크가 필요하지 않습니다. 네트워크 환경에서 활용할 수 있는 정보화 기기면 충분합니다. PC나 노트북(크롬북), 태블릿 PC, 스마트폰 모두 사용할 수 있습니다.

학습자의 태도에서도 큰 차이가 있습니다. 단방향 수업 교실에서는 학습자와 교사가 실시간으로 온택트돼 있지는 않습니다. 실시간인 경우도 있고, 아닌 경우도 있습니다. 현재는 그렇지 않은 경우가 더 많습니다. 단방향이라는 단어에서도 알 수 있듯이 교사가 일방적으로 제작한 수업 영상을 학습자들에게 제공하는 방식이기 때문입니다. 그러므로 실시간으로 교사와 학습자들이 온택트된 상태가 아니어도 가능한 것이죠.

무엇보다 쌍방향 수업 교실처럼 화면상에서 서로의 얼굴을 보지 않는다는 점에 주목해야 합니다. 그렇다면 학습자의 태도도 쌍방향 수업 교실과 같지 않겠죠? 제가 실제로 살펴본 바로도 천차만별이었습니다. 바로 이러한 부분 때문에 학습자들을 관리하는 학부모들이 난감해합니다. 심지어 아이가 학습을 하는 건지, 놀고 있는 건지, 제대로 수업을 듣고 있는 건지 모르겠다고 말하는 학부모가 많았습니다.

학부모의 입장에서는 충분히 그렇게 보일 수 있습니다. 아이들이 아침에 일어나 졸린 눈을 비비며 옷도 갈아입지 않은 채로 컴퓨터 화면 앞에 앉아 단방향 수업 교실에 입장해도 무방하기 때문입니다. 심지어 연신 하품을 해대면서 뭘 적고 있긴 한데 옆에서 물어보면 너무나 귀찮아하는 경우도 있다고 해요.

게다가 수업에 참여하는 시간까지도 낯설게 보이기 때문입니다. 아이들이 학교에 가면 점심도 먹고 오니까 어쨌든 학교에서 많은 시간을 보내고 오죠. 적어도 오후 2시나 3시까지는 학교에서 공부를 하고 온다고 생각했었는데, 단방향 수업에서는 하나의 수업 영상이 20분이면 끝나버리거든요. 클릭만 해서 듣는 경우에는 5~6교시 수업이라도 오전 10~11시면 끝나버리니 제대로 배우고 있는 것인지 모르겠다고 토로하는 학부모들이 많습니다. 이런 상황이니 자녀의 학습에 대한 책임감은 가중되고 불안감은 점점 엄습해오는 것입니다.

이보다 더한 경우도 있습니다. 어떤 학생은 아예 아침에 일어날 생각조차 하지 않는다고 해요. 교사나 학부모의 독촉과 성화에 못 이겨 겨우 컴퓨터 화면을 켜고 단방향 수업 교실에 입장했다가도 갑자기 벌떡 일어나더니 물을 마시거나 화장실에 가버리기 일쑤라고 합니다. 단방향 수업 교실 안에 있는 것도, 없는 것도 아닌 애매한 상황인 것이죠(이런 경우 사실상 출석 체크만 하고 단방향 수업 교실 밖을 뛰쳐나간 것이나 마찬가지예요).

물론 단방향 수업 교실에 잘 들어와 있는 아이들도 있습니다. 수업 영상을 끝까지 꼼꼼하게 보면서 공책에 적고 주어진 과제를 잘 해내는 아이들도 분명 있습니다. 화면상으로 보이지 않는다는 특성을 가진 단방향 수업 교실이 빚어낸 촌극이라 할 수 있겠죠.

학습자와 학습자 간의 상호 작용은 어떠할지 살펴볼까요? 단방향 수업 교실에서는 학습자와 학습자가 비대면 상태이며 서로의 얼굴을 확인할 수 없습니다. 실시간 소통은 대화창을 통해 할 수 있습니다. 그 외에는 댓글을 통해 시간차 대화를 나눌 수 있고요. 학습자 간의 상호 작용이 소극적으로 나타날 수 있는 형태입니다.

활용 방법에 따라서는 적극적인 상호 작용도 일어날 수 있습니다. 에버노트Evernote처럼 협업을 위한 워크챗이나 공유 노트를 활용한다면 가능합니다. 하지만 아직까지는 낯선 방식이라 온라인 단방향 수업 안에서 활용되는 일은 드뭅니다.

학습자와 교사 간 상호 작용도 학습자 간의 상호 작용과 크게 다르지는 않겠네요. 학습자가 교사에게 질문할 때 대화창의 채팅이나 쪽지 혹은 게시글을 이용하므로 실시간 상호 작용은 활발하게 일어나지 않습니다. 게다가 학습자 혼자 수업 영상을 보고 있기 때문에 상호 작용을 하고 싶다는 생각도 들지 않을 가능성이 높죠. 교사는 혼자 떠들고 학습자는 딴 생각을 하고 있는 안타까운 상황이 벌어지는 것입니다.

교사의 일방적인 영상 중심이어서 활용 방법도 다양하지 않습니다. 하지만 단방향 수업 교실의 장점은 오히려 단순한 곳에서 빛을 발휘했습니다. 일방적인 시범이나 방법을 안내하는 내용이 한번에 이해되지 않을 때는 학습자의 선택에 따라 무한 반복해서 시청할 수 있다는 것이 장점이 됐습니다. 쌍방향 수업 교실에서는 수업 내용 중에 이해하지 못한 부분을 반복해서 들을 수 없지만, 단방향 수업 교실에서는 필요할 때마다 구간 반복이나 일시 정지를 해가며 저마다의 학습 속도에 맞출 수 있으므로 두 수업 방식을 적절히 배분한다면 비대면 수업의 효과를 높일 수 있을 것입니다.

온택트 학습 환경 3.

# 블렌디드 교실

**G20 교육장관 회의,**
**"위기 상황에서 원격·블렌디드 교육의 가치 인식"**

2020.09.06. 한겨레

초등 온택트 공부법

마지막으로 살펴볼 교실은 블렌디드 교실입니다. 온택트 사회의 등장과 함께 활발하게 생겨나게 될 교실이라고 생각합니다. 얼마 전 유은혜 교육부 장관도 코로나19가 종식되더라도 미래 교육 차원에서 초중고교 수업에 원격 수업과 대면 수업을 병행하는 블렌디드 러닝blended learning을 지속하겠다는 내용을 골자로 한 '2020학년도 2학기 학사 운영 세부 지원 방안'을 발표했습니다.

혼합 수업으로 번역되는 블렌디드 러닝은 서로 다른 수업 형태가 섞여 있는 수업을 말합니다. 서로 다른 음료가 섞여(블렌드) 칵테일이 되듯이 온라인 수업의 장점과 오프라인 수업의 장점을 혼합해 진행하는 방식이죠. 교육부에서는 사회적 거리두기 3단계로 전환돼 전면 온라인 수업을 진행할 때를 대비해 원격 수업 간 블렌디드 형태도 제시했습니다.

우선 블렌디드 수업은 단방향 수업과 쌍방향 수업의 형태를 모두 갖

**2020학년도 2학기 학사 운영 세부 지원 방안 중 블렌디드 모형 예시**

| 구분 | 세부 모형 예시 |
|---|---|
| 원격 수업 간 블렌디드 | 콘텐츠 활용 수업(예습)+실시간 쌍방향 원격 수업 |
| | 실시간 쌍방향 원격 수업+과제수행형 원격 수업 |
| | 콘텐츠 활용 수업+과제수행형 원격 수업+쌍방향 원격 수업 |
| 원격 수업+등교 수업 간 블렌디드 | 원격 수업(예습 학습)+등교수업(피드백, 프로젝트 학습 등) 모형 |
| | 등교 수업(핵심 개념 학습)+원격 수업(확인 과제 학습, 피드백) 모형 |

***실시간 쌍방향 원격 수업**: 실시간 온라인 대면 또는 비대면(관계소통망 대화방) 등으로 교사-학생 간 교수·학습 활동 및 피드백이 이루어지는 수업

추고 있기 때문에 카메라와 마이크 기능을 갖춘 정보화 기기와 네트워크 환경 구축이 필수입니다. 학생 관리는 어떻게 진행될까요? 교육부는 2020년 9월 21일부터 전국 초중고교에서 쌍방향 조·종례를 실시하고 쌍방향 수업 및 단방향 수업을 점진적으로 실시하라는 지침을 내렸습니다. 그 덕분에 학생 관리는 단방향보다 어느 정도 이루어지는 편입니다. 그러나 교사가 이후의 수업을 어떻게 진행하느냐에 따라 학생 관리는 달라질 수 있습니다.

블렌디드 교실에서 학습자의 태도를 살펴볼까요? 블렌디드 교실에서는 쌍방향과 단방향이 서로 혼합돼 있으므로 학습자들은 단방향 수업만 이루어지는 경우보다 훨씬 적극적인 태도를 보입니다. 수업 시간 내에서든, 다른 수업 시간에서든 자신의 학습 결과에 대해 피드백을 받

을 수 있기 때문이죠. 단방향 수업에서는 피드백을 받지 않는 구조라는 특성상 학생들이 쉽게 질문하거나 피드백을 주고받기 힘들어했습니다. 그렇지만 블렌디드 수업에서는 어떤 형태로든 상호 작용이 가능한 쌍방향 수업(온라인, 오프라인)이 이루어집니다. 따라서 교사의 강제적인 방법을 활용해서라도 학생의 학습 결과를 확인할 수 있기 때문에 학생들은 훨씬 적극적인 태도를 가지게 되죠.

학습자와 학습자 간 상호 작용 또한 훨씬 적극적일 수 있습니다. 특히 교사가 프로젝트 학습을 진행할 경우 학습자와 학습자 간 상호 작용이 적극적으로 일어나게 됩니다. 수업 시간에는 교사의 설명(쌍방향 혹은 단방향)을 듣고 학생들끼리 각자 역할을 나눈 후 교사가 제시하는 과제를 해결(쌍방향 혹은 단방향)할 수 있기 때문입니다.

이때 학습자와 학습자 간 상호 작용이 활발해진다면 학습자와 교사와의 상호 작용 또한 자연스럽게 활발해집니다. 학습자 간 상호 작용을 하다 보면 분명히 해결하기 어려운 문제에 봉착하기 마련이니까요. 이를 해결하기 위해 자연스럽게 교사에게 도움을 요청하게 되는 것이죠.

블렌디드 교실에서는 활용 방법이 더 다양해질 수 있습니다. 예를 들어 실시간 쌍방향 온라인 수업에서는 일단 교사로부터 개념이나 원리에 대한 설명을 듣습니다(개념 원리 학습). 그런 다음 학생들은 각자 주어진 과제를 확인한 뒤 스스로 해결하는 과정을 거칩니다(과제 수행). 그리고 등교 수업에 참여해 자신들이 해결해온 과제를 바탕으로 프로젝트 학습을 수행하는 방식입니다(프로젝트 학습).

| | 전통적인 교실 수업 | 쌍방향 수업 | 단방향 수업 | 블렌디드 수업 |
|---|---|---|---|---|
| 수업 몰입도 | 높은 편 | 편차가 있음 | 현저히 낮을 수 있음 | 높은 편 |
| 학생 관리 | 관리 쉬움 | 어느 정도 관리됨 | 관리 어려움 | 상호보완적인 관리 |
| 요구되는 물리적 환경 | 학교에 가기만 하면 됨 | PC 등 정보화 기기, 프린터, 웹캠 등 카메라나 마이크 기능이 있는 기기가 반드시 필요함 | PC 등 정보화 기기, 프린터 필요함 | PC 등 정보화 기기, 프린터, 웹캠 등 기능이 있는 기기가 반드시 필요함 |
| 가정에서 지원해야 하는 정도 | 낮음 (교사에게 대부분 일임) | 낮은 편 (쌍방향으로 교사가 피드백해주는 경우가 많음) | 높음 (대부분 가정에서 관리해줘야 함) | 보통 (학부모+교사) |
| 학습자의 태도 | 책임감 있는 수업 태도 | 책임감 있는 수업 태도 | 소극적인 수업 태도 | 책임감 있는 수업 태도 |
| 학습자 간의 상호 작용 | 적극적인 작용 | 적극적인 작용이 일어날 수 있으나 아직까지는 어려움 | 소극적인 작용 | 적극적인 작용 |
| 학습자와 교사의 상호 작용 | 적극적인 작용 | 적극적인 작용 | 소극적인 작용 | 적극적인 작용 |
| 활동 방법 | 교사의 설명 후 다양한 학생 활동 가능 | 교사의 설명 후 다양한 학생 활동 가능(적극적인 작용이 일어날 수 있으나 아직까지는 어려움) | 교사의 설명, 시범 위주의 활동 | 교사의 설명 후 다양한 학생 활동 가능 |

지금까지 살펴본 온택트 사회의 수업 모습을 전통적인 교실 수업과 비교한 옆의 표를 살펴본 후 다음 내용으로 넘어갈게요.

# 학교 교육과 가정 교육의
# 경계가 무의미한 시대

**온라인 교육 환경 적응 여부가 학습력 좌우한다**

2020.04.23. 내일신문

온택트 사회의 새로운 교실 수업 형태를 살펴보니 어떤가요? 마음에 드는 부분도 있고 그렇지 않은 부분도 있을 겁니다. 그런데 만약 학부모의 마음에 드는지 안 드는지를 떠나 강제로 학생들을 배정해야 하는 상황이라면 어떻게 해야 할까요?

지금껏 우리가 익숙하게 수행해온 교실 수업과 가장 비슷한 온택트 학습 환경은 쌍방향 수업이나 블렌디드 수업일 겁니다. 현재 교육부에서 블렌디드 수업을 미래형 수업 모형으로 제시하였고 많은 시도 교육청들이 쌍방향 수업을 위한 플랫폼 개발과 보급에 힘을 쓰고 있습니다.

그렇지만 당장 내 아이의 입맛에 딱딱 맞춰줄 교육 서비스를 기대하는 것은 어려울 거라 생각합니다. 쌍방향 수업이든 단방향 수업이든 블렌디드 수업이든 교육청과 학교의 지원과 교사들의 노력(혹은 능력)이 동시에 상승해야 수업의 질이 좋아지거나 효과가 나타날 테니까요. 그렇게 되기까지는 물리적인 시간이 절대적으로 필요하기 때문에 교사들도 새로운 교육 환경에 적응하느라 정말 힘든 것이 사실입니다.

그렇다고 환경이 우리에게 맞춰주기를 기다리고만 있어야 할까요? 절대 그렇지 않습니다. 우선적으로 온라인 학습 환경에서 가장 열악하다고 판단되는 단방향 수업에서의 적응력을 키워준다면, 또 그 적응력을 바탕으로 학습력을 키워준다면 다른 학습 환경에서도 교육의 모든 참여자가 훨씬 수월하게 적응할 수 있을 것입니다. 특히 학생들은 온라인 학습을 경험하면서 지금까지 터득한 공부 방법(혹은 학습 방법)과는 전혀 다른 방식으로 공부해야 한다는 것을 본능적으로 직감하게 될 것입니다. 쌍방향이든 단방향이든 블렌디드형이든 상관없이 말이죠.

현재 많은 시도 교육청이 블렌디드형 수업 모형을 개발하고 있습니다. 한 출판사에서 진행한 설문 조사에서는 교사의 57.1퍼센트가 포스트 코로나 시대에 블렌디드 러닝이 대세가 될 것이라고 응답했습니다. 분명 교육 환경은 변화할 것이고 학습 방법도 그에 따라 당연히 변화해야 한다고 봐야 합니다. 그리고 4차 산업혁명과 맞물려 더욱 가속화될 것이라는 전망입니다.

지금으로부터 10년 전에 출간된 『2020 미래교육보고서』에 따르면 교실이 더 이상 배움의 기본적인 접점이 아니며 온라인 세계가 교육 혁신을 주도한다고 내다봤습니다. 학교 커뮤니티도 네트워크의 장으로 탈바꿈된다고 예측했습니다. 2020년, 지금 우리가 마주하고 있는 교육 현실은 이미 예견됐던 것입니다. 코로나19로 인해 갑작스럽게 다가온 것일 뿐입니다.

앞서 살펴봤듯이 온라인 학습 환경은 형태에 따라 정도의 차이가 있지만 수업에 대한 몰입도가 낮을 수 있습니다. 학생 관리도 어려울 수 있고 피드백이 제대로 이루어지지 않을 수도 있습니다. 학습 환경의 장단점을 알고 있다면 학부모나 학생이 앞으로 어떻게 행동해야 할지는 스스로 파악할 수 있을 것입니다.

물론 "이런 일들은 학교에서 해야 하는 일인데 왜 가정의 일로 돌리나요?"라고 반문할 수 있습니다. 옳은 지적입니다. 학생들의 학습을 관리해주고 피드백해주는 일은 당연히 학교에서 해야 하는 일입니다. 그러나 지금의 학습 환경은 학교와 교사들도 같이 적응해 나가야 하는 상황에 처해 있습니다. 학교도 모든 준비를 마친 상황이 아닙니다. 심지어 학교와 교사들이 모든 것을 파악해 대처해주기를 기다리는 동안 학습 격차와 학습 공백은 더 벌어지게 될 것이 뻔합니다.

따라서 학부모들도 변화된 학습 환경에 학생들이 적응할 수 있도록 적응력을 키워주고, 학습력을 높일 수 있도록 나서야 한다고 생각합니다. 학교 교육에 앞서 가정 교육이 먼저라고 입버릇처럼 말해왔던 것이 현실이 된 것입니다. 이러한 대처를 현명하게 해낸다면 코로나19 상황뿐만 아니라 4차 산업혁명 시대에도 미래형 학습력을 적절하게 키워나갈 수 있을 겁니다.

# 온택트 학습 환경에
# 적응하기 위한 세 가지 마음가짐

▶ ❙❙ ●

초등 온택트 공부법

　그렇다면 온택트 학습 환경 적응력은 어떻게 키워줄 수 있을까요? 간단히 말해 온택트 학습 환경이라는 물리적 환경에 맞게 행동을 변화시켜야 합니다. 온택트 학습에는 정보화 기기라는 물리적 환경이 반드시 필요합니다. 학생들이 개별로 존재하는 오프라인 환경에서 모든 구성원과 컨택트될 수 있는 온라인 환경으로의 전환을 돕는 도구들을 말합니다. 이 환경에서 어떻게 행동할 수 있도록 해주느냐가 바로 온택트 학습 환경 적응력이라고 볼 수 있습니다.

　간혹 정보화 기기에 대한 반감이 큰 학부모들은 너무 이른 나이부터 (유치원생 혹은 초등 1~2학년) 정보화 기기에 노출되는 것에 반대하며 온택트 환경 적응력을 키우는 데 부담을 느끼기도 합니다. 물론 이해합니다. 아이들의 적응력을 기르기 위해 반드시 정보화 기기에 아이들을 노출시킬 필요는 없죠. 게다가 정보화 기기에 지나치게 노출되면 어린아이들의 인지 발달에도 문제가 생길 수 있습니다.

지금 이야기하는 부분들은 적기에 필요한 적응력을 키워주는 것을 말합니다. 아이를 초등학교 1학년에 적응시키고 싶다고 해서 유치원생일 때부터 초등학교 1학년이 겪을 상황을 시뮬레이션하지는 않으니까요. 지금 여기서는 우리가 마주하고 있는 상황에 맞는 수준에서만 이야기하도록 하겠습니다.

우선 온택트 학습 환경에 대한 적응력은 정보화 기기로 구성된 환경에의 적응력을 의미합니다. 기본적으로 갖출 수 있는 주변 기기는 갖추는 것이 편리합니다. 당장 쌍방향 수업을 하게 된다면 PC에 웹캠이나 마이크를 꼭 달아야 하며, 노트북이나 크롬북과 같은 정보화 기기도 반드시 필요합니다. 거기에 프린터까지 있다면 학습에 필요한 자료들을 쉽게 출력해줄 수 있겠죠. 제본기에 코팅기까지 구비하고 있는 학부모들도 있더군요. 이런 주변 기기들을 무턱대고 구입하진 말고, 꼭 필요한 것들만 확인해서 준비해두면 됩니다.

다음으로 정보화 기기에 대한 적응력에 대해 살펴볼까요? 정보화 기기에 대한 적응력은 얼마나 잘 다루는지보다 얼마나 절제하는지가 중요합니다. 정보화 기기는 점점 더 직관적으로 진화하고 있습니다. 스마트폰이 스마트폰이라고 불리기 전, 휴대전화라고 불리던 시절을 떠올려보세요. 당시 스마트폰을 구입하면 패키지 안에 작지만 다소 두꺼운 매뉴얼이 포함돼 있던 것을 기억할 겁니다. 그 매뉴얼이 필요없는 두 부류가 있다는 것을 아시나요? 한 부류는 60대가 넘은 어르신들이었습니다. 주로 매뉴얼을 읽어도 무슨 말인지 쉽게 이해를 못해서 필요 없었죠. 또 한 부류는 10대 청소년들입니다. 그들은 읽어보지 않아도 이것 저것 누르면서 작동법을 다 익혀버려서 매뉴얼이 필요 없었습니다.

우리가 사용하는 스마트폰의 패키지에는 이제 그런 매뉴얼이 없습니다. 백설공주에 나오는 요술 거울처럼 쓱 문지르기만 하면 컬러풀한 디스플레이가 켜지는 직관적인 설계, 터치만 하면 열리는 화면들, 화살표 버튼만 누르면 다음 화면으로 넘어가는 어플들은 아이들이 정말 쉽게 학습하고 적용할 수 있도록 만들어져 있습니다. 사실 아이들에게 이런 것들을 학습하는 것은 일도 아니죠.

잠시 이야기했지만 진짜 어려운 것은 정보화 기기를 효과적으로 다루는 것이 아니라 절제하는 것입니다. 정보화 기기를 학습 도구로 활용할 것인지, 그저 놀잇감으로 활용할 것인지를 결정하기란 쉬울 것 같아도 의외로 어려운 일입니다. 그 이유를 살펴보도록 하죠. 정보화 기기를 사용해 아이들이 하는 일은 세 가지라고 합니다. 뉴잉글랜드 소아심리학센터 연구국장인 로버트 프레스먼Robert M. Pressman은 정보화 기기를 통해 미디어를 활용하는 목적을 다음 세 가지로 나눠 설명했습니다.

미디어 소비    미디어로부터 얻는 것 없이 단지 미디어를 받아들이거나 사용하는 것

미디어 창조    자발적 참여, 숙련 기술, 복합적 문제 해결이 요구되는 방식으로 무언가를 생산해내거나 배포하는 것

미디어 커뮤니케이션    타인과의 소통을 위해 미디어를 이용하는 것

정보화 기기를 학습 도구로 사용하려면 미디어 창조에 주목해야 합니다. 학습자가 자발적으로 무언가를 해내고 복잡한 문제를 해결하려면 인내와 절제와 같은 태도가 반드시 필요하기 때문이죠. 정보화 기기를 온라인 학습에 집중적으로 활용하려면 정보화 기기를 거실에 두는 것부터 시작하는 것이 좋습니다. 아이가 초등학교 고학년만 올라가도 부모가 그만하라고 다그치는 소리가 먹히지 않는 것을 학부모라면 너무나 잘 알고 있을 겁니다. 이때 아이들에게 필요한 태도가 바로 절제입니다. 모든 영역에 걸쳐 절제심을 키우면 좋고, 가급적 학령기 전부터 키워주면 그 효과를 극대화시킬 수 있습니다.

좋은나무 성품학교의 이영숙 박사는 '내가 하고 싶은 대로 하지 않고 꼭 해야 할 일을 하는 것'이 절제라고 정의합니다. 정보화 기기를 꼭 해야 할 일을 위해 사용하는 도구로 인식시키는 것은 아이가 키워야 할 온택트 학습 환경 적응력의 첫 번째 조건입니다.

벤저민 프랭클린은 '절제는 불에 장작을 넣는 것이요, 통에 음식을 넣는 것이며, 물 함지에 밀가루를 넣는 것이요, 지갑에 돈을 넣는 것이며, 나라의 신용을 얻는 것이요, 가정에 만족을 얻는 것이며, 자녀에게 옷을 입히는 것이요, 육체에 생기를 불어넣는 것이며, 두뇌에 지력을 넣는 것이요, 전신에 원기를 넣는 것이다'라고 말했습니다. 절제는 어떤 능력이 더 잘 발휘될 수 있도록 돕는 가장 좋은 태도라는 뜻입니다. 그러니까 아이들의 두뇌에 지력을 넣기 위해서 정보화 기기를 절제하는 힘을 반드시 가장 먼저 키울 수 있게 도와주세요. 정보화 기기를 사용하는 시간을 꼭 통제하고 아이와 함께 규칙을 세워 미디어 시청 시간을 정하고 꾸준히 지킬 수 있도록 해야 합니다. 그 다음에 정보화 기기의 기능과 사용 방법을 배워도 절대 늦지 않습니다. 아니, 그것은 가르치지 않아도 아이들 스스로 직관적으로 알게 됩니다. 오히려 부모님들이 아이들에게 배워야 하실걸요.

온택트 학습 환경에 대한 적응력을 키우는 또 다른 과정은 관계 맺기입니다. 오프라인에서는 학생들이 각 개인으로 존재하지만 온라인에서는 모두 컨택트될 수 있는 환경에 놓입니다. 이러한 온라인 환경에 어떻게 적응할 것인지에 대한 문제를 생각해야 합니다. 단, 오프라인이나 온라인이나 모두 같은 환경이라는 인식이 매우 중요합니다. 비대면 혹은 온라인이라는 환경으로 인해 누구나 사람에 대한 기본적인 예의를 놓칠 수 있습니다. 혹시 여러분의 아이가 지난 온라인 수업 시간에 동영상만 켜놓고 딴짓하거나 겨우 눈꼽만 뗀 얼굴로 모니터 앞에 앉아 있지는 않았는지 생각해보세요. 만약 오프라인 상황이라면 그렇게 내버려두는 학부모는 없을 겁니다.

학생들 중에 온라인으로 하는 수업인데 문제가 될 것이 없다고 생각하거나 온라인 수업의 장점을 편한 복장과 편한 자세로 수업을 들을 수 있는 것이라고 말하는 친구도 있습니다. 하지만 잘 생각해보세요. 상대방을 직접 만나지 않으므로 편한 자세나 복장으로 있겠다는 것은 상대방에 대한 격식을 갖추지 않겠다는 말과 다르지 않습니다. 예의를 지키지 않는 상태로 있겠다는 말이죠.

온라인에서 관계 맺기를 잘하려면 오프라인에서도 관계 맺기를 잘하는 사람이 돼야 합니다. 오프라인에서의 관계 맺기는 비단 가족이나 친구, 이웃뿐만 아니라 생명이 있는 모든 존재와의 관계 맺기로 생각해볼 수 있습니다. 반려동물 키우기나 작은 화분 가꾸기를 통한 자연 친화적인 관계도 가능합니다. 중요한 것은 존중하는 자세입니다.

앞서 좋은나무 성품학교의 이영숙 박사가 내린 존중의 정의는 나와 상대방을 공손하고 소중하게 대함으로써 그 가치를 인정하며 높여주는 태도를 의미합니다. 온라인에서든 오프라인에서든 이러한 태도를 가지고 상대를 대한다고 생각해보세요. 상대방에 대한 존중은 환경에 따라 변하는 가치가 아닙니다. 그러니 아이들에게 온라인 수업에서도 왜 단정한 자세로 있어야 하며, 동영상만 틀어놓고 자리를 떠나는 것이 왜 옳지 않은 일이며, 선생님이 내준 영상을 빠르게 뒤로 돌려 답이 나오는 부분만 골라서 보는 것이 왜 나쁜 일인지를 알려줄 때 상대방을 존중해야 하는 이유도 함께 설명해주세요. 온라인 채팅도 현실에서의 대화와 마찬가지로, 써야 할 말과 쓰지 말아야 할 말을 구분해야 하며, 어떤 대화에도 적극 참여할 수 있어야 한다고 가르쳐주세요.

끝으로 '이곳에 나 혼자 있는 것 같아도 절대 혼자 있는 것이 아니다. 나는 누군가와 함께 있다. 바로 내가 나와 함께 있다'고 생각하도록 이끌어주세요. 감시자와 함께 있는 것처럼 생각하라는 말처럼 들리나요? 그것도 다른 사람이 아닌 나와 함께 있다니, 유체 이탈을 말하는 것처럼 들릴 것입니다. 하지만 이는 메타 인지적 사고에 따라 말씀드리는 것입니다. 메타 인지란 1970년대 발달심리학자인 존 플라벨J. H. Flavell에 의해 만들어진 용어로서 '자신의 생각에 대해 판단하는 능력'을 말합니다. 즉, 내가 내 생각을 판단해보는 것을 의미합니다. 상위 인지라고도 불리며 최근에는 이를 활용한 학습법이 각광받고 있습니다. 나중에 더 말씀드리겠지만 내가 내 상태를 점검할 수 있는 태도를 갖는다는 것은 학습법에서 굉장히 중요한 태도입니다.

온택트 학습 환경에 대한 적응력을 키우는 데 메타 인지까지 이야기를 하니 어리둥절할 겁니다. 아이들에게 적응력이 필요하다고 해서 그냥 말로만 적응하라고 하면 어떤 결과도 얻을 수 없습니다. 어떤 가르침이나 교훈을 전할 때는 학부모 스스로 어떤 개념이 바탕에 깔려 있는지를 파악하고 아이들의 눈높이에 맞춰 가르쳐줘야 합니다. 그런 과정이 없다면 "아이 몰라, 좋은 거라니까 그냥 해." 식의 일방적 강요가 될 뿐입니다.

다시 메타 인지적 사고로 돌아가보죠. 아이들이 온라인 수업에 접속만 해놓고 딴짓하는 이유가 뭘까요? '여기에 나 혼자 있고 아무도 안 보는데 누가 뭐라고 하겠어?' 하는 마음 때문이겠죠. 맞습니다. 아무도 아이가 무엇을 하는지 몰라요. 하지만 그런 아이의 행동과 생각을 누가 알까요? 바로 아이 스스로는 알고 있죠. 자기 자신은 늘 보고 있으니까요. 그래서 나와 내가 함께 있다는 생각이 중요합니다. 내가 바로 자신의 생각과 행동에 선을 그어주기 때문이죠. 누군가 나와 함께 있다면 상대방이 내 행동에 선을 그어주는 데 그치지만, 내가 나와 함께 있다면 내 행동뿐만 아니라 내 생각까지도 선을 그어줄 수 있습니다. 아이가 이렇게 사고하는 데까지는 오랜 시간이 걸릴 수 있습니다. 부모가 직접 말로 가르치는 것도 중요하지만, 직접 행동으로 보여줄 수 있어야 합니다. 누구나 기를 수 있고 누구나 길러야 할 태도이지만 쉽게 터득하는 것은 어려운 법입니다. 그러니 부모가 아이의 본보기가 돼주세요.

지금까지 이야기한 세 가지 적응력(정보화 기기 절제하기, 존중하는 자세 갖기, 내가 나와 함께한다고 생각하기)은 얼핏 보면 온택트 학습 환경에 대한 적응력과는 동떨어진 듯 보일 겁니다. 하지만 온택트 학습 환경의 특징(정보화 기기 사용, 다른 사람과 컨택트돼 있는 상태, 현실에는 나만 있을 수 있다는 생각)들을 생각해본다면 온택트 학습 환경에서 학습하기 위해 적응해야 할 가장 기본적인 태도라는 것을 이해할 수 있을 겁니다.

이러한 과정을 아이가 초등학교 저학년일 때 경험하게 해준다면 더할 나위 없이 좋겠죠. 하지만 고학년(4~6학년)이 됐을 때 가르쳐도 늦지 않습니다. 시간과 노력이 더 많이 들긴 하겠지만, 그만한 가치가 있다고 생각합니다. 그리고 아이들마다 적응력을 키우는 속도에 차이가 있다는 사실을 기억해주세요. 어른들도 달라진 환경에 적응하는 데 시간이 꽤 걸리고, 심지어 몸과 마음이 따로 움직여 애를 먹기도 하니까요(제가 새로운 환경에 적응하려고 애썼던 시간들을 생각해보면 아이들이 얼마나 힘들지 어느 정도 짐작이 됩니다).

아이들은 완성된 존재가 아니고 변화되는(하는) 존재, 발전되는(하는) 존재이자 배우는 존재입니다. 아이들이 온택트 학습 환경에서 가져야 할 적응력에 대해 알려준 뒤, 스스로 할 수 있는 힘을 가질 때까지 기다려주고 지지해주고 격려해주는 자세를 잊지 마세요.

2장

혼자 공부 시대에 반드시 필요한

온택트 학습 도구들

온라인 수업으로
좋은 공부 습관부터 키운다

▶❚❚ ──────────●────────────────

온택트 학습 환경에 대한 교육부의 방향은 결국 블렌디드 러닝으로 정해졌습니다. 최근 들어 쌍방향 수업에 대한 요구도 많아졌습니다. 하지만 아직까지 각 학교급에서는 단방향 수업이 활발하게 이루어지고 있는 형편입니다. 온택트 시대인 만큼 쌍방향 수업을 하게 될 경우 교사와 학생들이 온라인에서의 관계 맺기에 중점을 두면서 자연스럽게 학습이 이뤄지도록 해야 합니다. 이번 장에서는 온라인 수업의 프로그램 종류를 살펴보고 각 프로그램의 설치 및 접속 방법을 간단하게 알아보도록 하겠습니다.

단방향 수업 프로그램에는 E - 학습터, EBS 온라인 클래스, 구글 클래스룸이 있습니다. 쌍방향 수업 프로그램으로는 주로 줌Zoom, 밋Meet을 활용합니다. 네이버 밴드나 카카오톡 라이브톡에서도 과제를 올리거나 간단한 쌍방향 수업을 진행할 수 있습니다. 블렌디드 수업이 시행되면 쌍방향 수업 프로그램과 단방향 수업 프로그램을 서로 적절히 혼합해 효과를 극대화할 수 있도록 구성하게 될 것입니다.

원활한 온라인 학습을 위해 학부모들은 우선 몇 가지 사항들을 준비해둬야 합니다. 쌍방향 수업에는 웹캠, 마이크, 스피커가 반드시 필요합니다. 스마트폰이나 태블릿 PC, 노트북이 있다면 웬만한 기능이 내장돼 있으므로 문제가 되지 않습니다. 단, 데스크탑이라면 위의 세 가지 기기를 모두 준비하고 있어야 합니다.

장비가 준비됐다면 네트워크 환경을 점검해야 합니다. 많은 학생이 네트워크 환경의 끊김이나 접속 장애를 호소합니다. 실제로 온라인 개학이 이루어졌던 초반에는 서버가 빈번히 다운되기도 하고 접속 장애를 일으켰습니다. 하지만 점차 온라인 수업이 정착되고 서버를 보완해가면서 네트워크가 다운되는 일은 크게 줄어들었습니다. 각 가정에서도 온택트 학습 환경에 적합한 네트워크 환경을 갖추고 있는지를 수시로 살펴봐야 합니다. 집 안에서도 위치에 따라 접속이 원활한 곳과 그렇지 않은 곳이 나뉠 수 있습니다. 따라서 접속이 원활하게 이루어지는 장소를 미리미리 파악해두는 것이 중요합니다. 온라인 수업에 필요한 장비를 아이가 익숙하게 사용하도록 연습도 해봐야 합니다. 컴퓨터를 켜고 온라인 학습을 위한 사이트나 앱에 접속할 수 있는지, 아이디와 패스워드 관리 등을 잘하고 있는지를 확인해주세요.

무엇보다 온라인 수업도 학교 수업과 마찬가지로 똑같은 수업이라는 점을 인지시켜주세요. 정해진 수업 시간에 접속하고 학습을 한 뒤에 쉬는 시간을 가지는 것은 아무것도 아닌 것 같지만 학습 태도를 키우는 데 굉장히 중요한 과정입니다. 수업에 집중할 수 있도록 주변을 정리해두는 것도 중요합니다. 간혹 상대방의 눈에 보이지 않는 단방향 수업이라고 해서 잠옷을 입은 채 세수도 하지 않고서 식사를 하거나 간식을 먹으며 온라인 수업을 들어도 그냥 두는 경우가 있습니다. 그러면 수업에 대한 긴장감과 집중도가 떨어지게 됩니다. 반드시 학교 수업과 마찬가지로 옷을 갈아입고 단정한 자세로 40분 동안 집중해서 수업을 듣고 10분간 쉬는 식으로 참여할 수 있게 도와주세요. 만약 맞벌이 부모라면 온라인 접속이 끊기거나 정보화 기기를 사용하는 데 아이가 어려움을 느낄 경우 원격 제어 프로그램을 설치해 도와주는 방법도 있으니 활용해보길 바랍니다.

온라인 수업 1.

# E-학습터

▶II ━━━━━━━━●━━━━━━━━━━━

E‒학습터는 한국교육학술정보원에서 제공하는 공교육 대표 온라인 학습 플랫폼입니다. 17개 시도 통합 서비스로 에듀넷과 연계돼 있습니다. 2020학년도 4월 초 온라인 개학이 시작됐을 때 많은 학교들이 E‒학습터를 이용해 콘텐츠 활용 수업을 했죠. 초등학교, 중학교의 '2015 개정 교육 과정' 자료가 탑재돼 있습니다. 그럼 접속부터 사용 방법까지 한번 살펴보겠습니다.

포털사이트에 E‒학습터를 검색하면 전국 17개 시도의 지역명이 나옵니다. 해당 지역을 클릭하고 로그인 하기를 누릅니다. ❶

에듀넷 아이디ID로 로그인 할지, 선생님이 만들어준 E‒학습터 전용 아이디로 로그인 할지 고릅니다. 왼쪽 초록창의 에듀넷 아이디는 개인이 만들 수 있는 아이디입니다. 에듀넷과 연동될 수 있는 아이디예요. 에듀넷을 사용하려면 회원 가입을 하고 아이디를 만들어두면 좋습니다. 오른쪽 주황색창의 E‒학습터 전용 아이디는 담임선생님이 만들어

**❶**

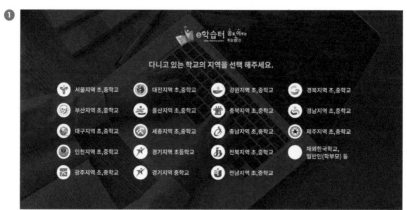

**❷**

**❸**

**❹**

초등 온택트 공부법

주는 아이디입니다. 학생은 별도의 회원 가입 절차 없이 학교에서 만들어준 아이디와 패스워드로 접속하면 됩니다. 초기 패스워드는 일괄적으로 동일하므로 선생님이 알려준 번호로 접속 후 패스워드를 변경하면 됩니다. 학교에 따라 일괄적으로 아이디를 생성해 알려주기도 하고 개인적으로 에듀넷 아이디를 만들기도 합니다. 물론 선생님이 아이디를 만들어줬어도 에듀넷 개인 아이디를 만들어 사용해도 됩니다. ❷

로그인 하면 학생 이름과 학생 정보가 오른쪽 상단에 뜹니다. 그러면 수강 가능 학급을 검색해 온라인에서 우리 반을 찾아갑니다. 보통 우리 학교 학급이라는 목록이 보이는데 혹시 보이지 않는다면 직접 검색할 수도 있습니다. ❸❹

만약 전학을 온 학생이라면 우선 마이페이지/정보수정에서 전학 온 학교의 이름으로 변경을 해둡니다. 그러면 전학을 간 우리 학교 학급 목록을 다 볼 수 있습니다. 그리고 해당 학급을 클릭해 수강 신청을 누르면 그 학급에 입장할 수 있습니다.

E-학습터의 경우 동영상, URL 링크, 이미지 파일, 한글 파일, PDF 파일 등을 저장할 수 있습니다. 또 동영상이나 유튜브 링크를 걸어놓을 수 있으므로 학생들은 선생님이 올려둔 링크의 영상을 시청한 후 과제를 해결할 수 있습니다.

또 E-학습터는 에듀넷과 연계해 디지털 교과서 및 전 교과 PDF 파일을 제공하고 있습니다. 현재 디지털 교과서는 과학, 사회, 영어 과목만 개발돼 있습니다. 나머지 교과는 PDF 파일로 제공되고 있어요. 디지털 교과서는 종이 교과서에서는 다룰 수 없었던 영상, 사진, 소리 파일들을 제공하고 있고 간단한 퀴즈도 풀 수 있어 종이 교과서를 보완해주는 매체로 충분히 활용 가치가 있습니다.

사실 E - 학습터는 온라인 학습을 위해 급하게 만든 플랫폼이 아닙니다. 개인적 사정으로 학교에 오지 못해 수업을 듣지 못한 학생들이 가정에서도 온라인으로 학습할 수 있도록 이미 만들어져 있던 플랫폼이었습니다. 그동안 활용도가 다소 떨어졌는데 온택트 환경으로의 전환에 따라 온라인 수업으로 빛을 발하게 된 것이죠.

최근 E - 학습터에는 조·종례와 화상 수업이 가능한 영상 수업 메뉴가 생겨났습니다. 이제 E - 학습터도 단방향에서 쌍방향, 블렌디드 수업이 가능하게 되었답니다.

온라인 수업 2.

# EBS 온라인 클래스

EBS 온라인 클래스는 EBS에서 만든 온라인 학습 플랫폼입니다. EBS에서 제공하는 만점왕 문제집을 중심으로 영상을 제공하고 EBS에서 만든 학습 영상을 볼 수 있습니다. 저학년은 온라인에 접속하지 않더라도 텔레비전 EBS-러닝 채널의 영상을 보면서 학교에서 나눠준 꾸러미를 해결할 수 있도록 돼 있습니다. EBS-러닝 채널은 전국적으로 사회적 거리두기를 시행했을 때 텔레비전 채널을 통해서 방송이 됐습니다. 온라인 클래스나 EBS 콘텐츠는 온라인 개학 기간 동안만 무료로 시청할 수 있습니다.

우선 온라인 클래스 메인 화면에서 자신의 지역과 학교를 선택합니다. 그 다음 EBS 회원 가입을 해야 온라인 클래스를 이용할 수 있어요. 이때 반드시 아이의 이름으로 회원 가입을 해야 합니다. 선생님이 아이의 이름을 확인하고 학급 입장을 승인하기 때문이에요. ❶

회원 가입 후 로그인을 하면 자신의 학교에서 개설한 온라인 클래스

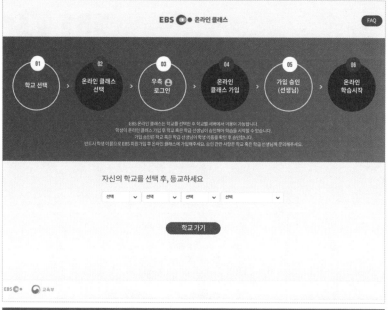

가 모두 보입니다. 그중 자신의 학급에 들어가서 교과목을 클릭합니다.

그러면 수강 신청 버튼이 보입니다. 수강 신청을 누른 후에는 교사의 승인 후 이용이 가능합니다. ❷

EBS 클래스의 장점은 EBS에서 제작한 교육 영상들을 모두 볼 수 있다는 점입니다. 또 저학년은 학습 꾸러미와 텔레비전 EBS – 러닝 채널을 활용할 수 있기 때문에 컴퓨터를 사용하지 않아도 텔레비전을 통해 온라인 학습을 할 수 있다는 장점이 있습니다.

온라인 수업 3.

# 구글 클래스룸

▶ll ───────●──────────────────

구글 클래스룸은 구글에서 제공하는 교육용 프로그램입니다. 구글은 교육에 필요한 앱들을 무료로 제공하기 위해 'G-suite for Education'이라는 플랫폼을 만들었습니다. 그리고 구글에서 개발한 교육용 앱들을 서비스할 수 있도록 모아두었습니다. 그중 하나가 구글 클래스룸입니다. 구글 클래스룸에는 교사가 과제를 올릴 수 있고 학생들은 교사가 올린 과제를 구글 문서나 구글 스프레드, 구글 프레젠테이션, 구글 설문지 등을 이용해 해결할 수 있습니다.

　구글 클래스룸은 학교에서 'G-suite for Education'에 가입돼 있어야 학생 아이디가 생성됩니다. 학생 아이디로 가입해야만 입장할 수 있으며 개인 구글 아이디로는 입장이 안 됩니다. 학교에서 구글 클래스룸을 활용한다면 담임 선생님이 학교 단체로 만든 구글 아이디를 알려줄 테니 걱정 마세요.

　자, 그럼 가입 절차를 알아보도록 하죠. 구글에서 구글 클래스룸을

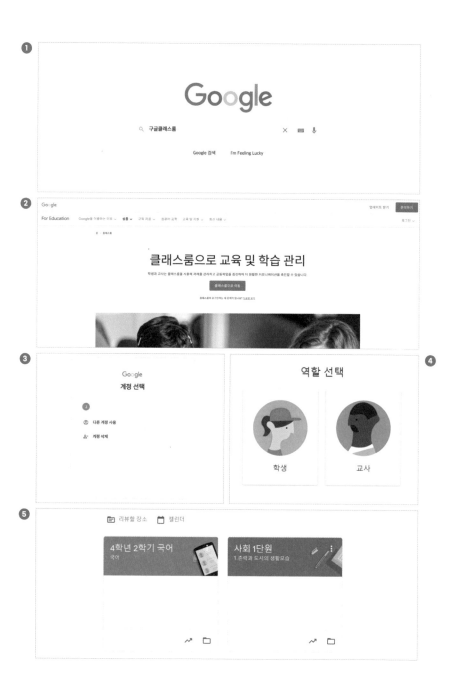

❶

Google

🔍 구글클래스룸　　　　　　　　　　✕　📷　🎤

Google 검색　　I'm Feeling Lucky

❷

Google

For Education　　Google을 이용하는 이유 ⌄　　솔루션 ⌄　　교육 자료 ⌄　　커뮤니티 참여　　교육 및 지원 ⌄　　최신 내용 ⌄　　　　업데이트 받기　문의하기　로그인 ⌄

🏠 > 클래스룸

# 클래스룸으로 교육 및 학습 관리

학생과 교사는 클래스룸을 사용해 과제를 관리하고 공동작업을 증진하며 더 원활한 커뮤니케이션을 촉진할 수 있습니다

클래스룸으로 이동

클래스룸에 로그인하는 데 문제가 있나요? 도움말 보기

❸

Google
계정 선택

👤

➕　다른 계정 사용

🗑　계정 삭제

❹

# 역할 선택

학생　　　　　교사

❺

📰 리뷰할 장소　　📅 캘린더

**4학년 2학기 국어**
국어

**사회 1단원**
1.촌락과 도시의 생활모습

〰 📁　　　　　　　〰 📁

검색합니다. 그리고 클래스룸으로 이동합니다. ❶❷

선생님이 생성해준 구글 아이디로 입장해야 합니다(개인 구글 계정은 안 됩니다). ❸

역할은 학생으로 설정해야 합니다. ❹

수업 참여하기(+표시)에서 선생님이 알려준 수업 코드를 입력하면 과제방으로 입장할 수 있습니다. ❺

노트북이나 데스크탑에서는 별 무리 없이 설치 후 가입이 가능합니다. 스마트폰이나 태블릿 PC에서 구글 클래스룸을 설치할 때는 스마트폰이나 태블릿 PC의 암호를 꼭 문자로 설정해둬야 합니다. 패턴 인식이 안 되니까요. 꼭 문자로 된 암호를 사전에 설정해두세요.

온라인 수업 4.

# 줌(Zoom)

▶❚❚ ━━━━━━━━●━━━━━━━━━━━━━━━

온라인 수업이 장기화되면서 단방향 수업에 대한 불만과 함께 학부모들은 쌍방향 수업에 대한 요구가 많아졌습니다. 이런 현상은 어쩌면 당연한 것입니다. 온라인 학습을 통한 수업의 질도 점점 더 향상되기를 바라는 것이 정해진 순서일 테니까요. 하지만 아직까지는 많은 학교에서 쌍방향보다는 단방향 콘텐츠 중심의 수업을 진행하고 있는 것이 현실입니다.

100퍼센트 쌍방향 수업이 이뤄지려면 정보화 기기의 보급과 일괄적인 네트워크 환경이 우선적으로 확보돼야 합니다. 이러한 조건을 모두 맞추는 것은 말처럼 쉽지 않습니다. 공교육 환경에서는 학급 중 어느 한 명이라도 기기를 갖추지 않는다면 쌍방향 수업을 진행할 수가 없습니다. 정부도 교육 예산 편성을 통해 학교마다 정보화 기기 구입 예산을 지원하겠다고 발표했으니 실질적인 도움이 늘기를 기대합니다.

현재 가장 많이 사용하는 쌍방향 수업 프로그램은 줌Zoom입니다. 줌은 별도의 회원 가입 절차 없이도 선생님이 개설한 화상 회의 방에 참여해 수업을 들을 수 있어 매우 편리합니다. 선생님이 카카오톡 단체 채팅방이나 메시지로 보내주는 회의 링크 주소나 회의 아이디와 패스워드를 통해 화상 회의, 즉 쌍방향 수업 방에 참여할 수 있습니다. 스마트폰이든 컴퓨터든 줌 프로그램을 한 번만 설치해놓으면 됩니다.

많은 사람이 앱을 설치하는 것과 회원 가입을 똑같이 생각합니다. 하지만 앱 설치와 회원 가입은 다른 개념입니다. 앱 설치는 화상 회의가 가능하도록 스마트폰 환경이나 컴퓨터 환경을 바꿔주는 것에 불과합니다. 따라서 그 기능을 활용하기 위해 꼭 회원 가입을 할 필요는 없습니다. 줌의 경우도 앱을 설치하기만 하면 회원 가입을 할 필요가 없습니다.

여기서는 선생님이 알려준 회의 아이디와 패스워드를 입력해 화상 회의에 참여하는 방법을 알려드릴게요. 우선 줌을 설치한 후 선생님이 알려준 회의 아이디를 입력하세요. 그 아래 칸에는 학생의 이름을 적으면 됩니다. ❶

이제 회의에 참가하면 됩니다. 아주 간단하죠. 노트북이나 컴퓨터로 회의에 참여할 때는 컴퓨터 오디오를 통해 전화로 응답해야 하고, 스마트폰이나 태블릿 PC로 참여할 때는 화상 회의 왼쪽 창 아래에 있는 인터넷 전화라는 버튼을 눌러줘야 해요. 그렇지 않으면 소리가 들리지 않아서 수업에 참여할 수 없습니다. ❷❸

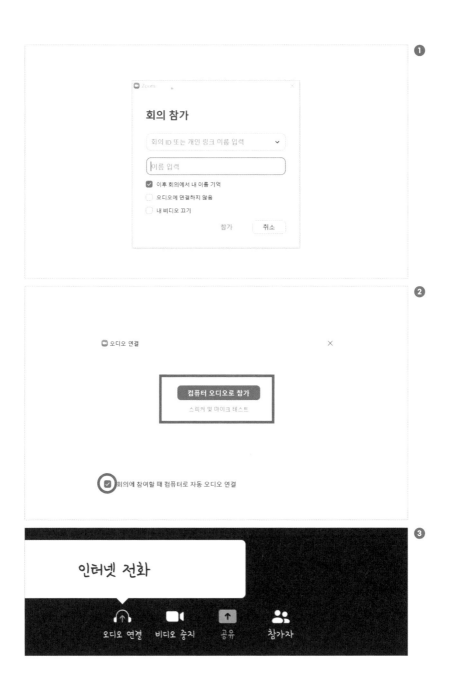

❶

회의 참가

회의 ID 또는 개인 링크 이름 입력 ⌄

이름 입력

☑ 이후 회의에서 내 이름 기억
○ 오디오에 연결하지 않음
○ 내 비디오 끄기

참가    취소

❷

오디오 연결                    ×

컴퓨터 오디오로 참가
스피커 및 마이크 테스트

☑ 회의에 참여할 때 컴퓨터로 자동 오디오 연결

❸

인터넷 전화

오디오 연결   비디오 중지   공유   참가자

수업에 참여할 때는 음소거 상태에서 참여하는 것이 기본적인 예절이니 주의해야 합니다. 쌍방향 수업은 교실 수업과 달리 여러 사람이 말을 하면 소리가 겹치기 쉬워요. 아이들이 장난 삼아 떠들기라도 하면 서로의 말이 잘 들리지 않겠죠. 따라서 필요할 때만 음소거를 해제하고 말해야 한다는 점을 다시 한번 알려주세요.

줌에는 화면 공유 기능도 있어서 발표자의 컴퓨터 화면을 다른 모든 참가자들에게 공유할 수도 있습니다. 화면에 판서처럼 쓸 수 있는 주석이라는 기능도 있습니다. 이러한 기능을 통해 쌍방향 수업을 보다 다채롭게 이끌어갈 수 있습니다.

온라인 수업 5.

# 밋(Meet)

구글 밋Meet은 구글 행아웃Hang out의 새로운 이름으로, 'G‒suite for Education'에서 제공하는 교육용 앱 중 하나입니다. 학교에서 구글 밋을 사용한다면 구글 클래스룸과 연동해 사용하는 경우가 대부분일 거예요. 즉, 하나의 구글 아이디로 구글 밋과 구글 클래스룸 모두 사용할 수 있다는 말입니다. 하지만 서로 다른 앱이니까 모두 사용하려면 둘 다 따로 설치를 해야 합니다. 앞에서 구글 클래스룸을 설명했기 때문에 이번에는 구글 밋을 중심으로 설명드리겠습니다.

먼저 크롬에서 오른쪽 상단에 아홉 개의 점으로 표시된 구글 앱 모음을 누르면 구글에서 제공하는 앱을 모두 볼 수 있습니다. 그중에 밋이 있는 것을 확인할 수 있습니다. ❶ ❷

화면에 보이는 구글 밋을 설치하면 됩니다. 선생님이 구글 아이디를 줬다면 그 아이디로 가입하면 됩니다. 만약 개인 구글 아이디로 가입해야 한다면 개인 구글 아이디로 가입을 진행하면 됩니다. 구글 밋은 줌과

초등 온택트 공부법

달리 회원 가입을 해야 사용할 수 있어요. 보안도 까다로운 편이라서 구글 클래스룸을 설치할 때처럼 스마트폰이나 태블릿 PC에서는 문자로 된 암호를 꼭 미리 설정해둬야 설치와 가입을 원활하게 할 수 있습니다. 그리고 선생님이 보내주는 회의 코드를 입력하면 회의에 참여할 수 있습니다. ❸

구글 밋을 사용해본 결과, 구글 클래스룸을 사용하지 않는다면 줌보다 세부적인 기능 면에서는 떨어지는 것 같습니다. 회의 참가자의 이름 바꾸기 같은 기능들도 없어요. 이름을 바꿔서 입장하려면 구글 계정에서 개인 정보를 변경해야 합니다. 또 학교에서 만들어준 아이디, 즉 G – suite에서 만든 아이디는 프로필의 이름을 변경할 수 없습니다. G – suite 입장에만 허가된 아이디이기 때문이죠.

발표하기라는 이름으로 화면 공유 기능이 있지만, 줌보다 직관적이지 않고 화면도 불편하게 구성돼 있습니다. 그래도 일부 학교에서 밋을 쓰는 이유가 몇 가지 있습니다. 첫째, 구글 클래스룸과 연동되기 때문에 구글이 제공하는 앱들을 자유롭게 오갈 수 있다는 점입니다. 둘째, 한정된 기능 덕분에 화면을 보며 의사를 주고받는 정도로 사용하기에는 쉽고 간편하다는 점도 있습니다. 마지막으로 회원 가입과 보안 설정 때문에 보안에 대한 염려가 줄어든다는 점 정도로 장점을 들 수 있겠네요.

3장

**혼자 공부를 완벽한 학습으로 만드는**

**6단계 공부 플랜**

학습 환경은 바뀌어도
목표는 언제나 하나다

▶ǁ ──────────────●──────────────

초등 온택트 공부법

저는 '온택트 학습력'을 온라인 학습 환경에서 제대로 학습할 수 있는 능력이자, 오프라인과 온라인을 가리지 않고 어디서든 학습 내용을 응용할 수 있는 능력으로 정의하고 싶습니다. 학교 현장에 있든, 자기 방 컴퓨터 앞에 앉아 있든 누가 시키지 않아도 스스로 학습을 지속하고 배움을 확장시킬 수 있는 능력으로도 정의할 수 있습니다.

　그렇다면 초등학생 자녀들의 온택트 학습력을 어떻게 키워줄 수 있을까요? 코로나19 시대에 더 이상 미룰 수 없는 온라인 학습 때문에 학생들과 학부모들 너나없이 옥신각신 싸우고 있죠. 특히 저도 맞벌이를 하는 입장이라 맞벌이하는 엄마들의 심정을 누구보다 잘 알고 있어요. 하루 종일 일하고 집에 돌아와서는 밥하고, 아이들 공부 봐주고, 밀린 집안일 하느라 정말 만사가 귀찮아질 수밖에 없죠. 거기다 온라인 클래스에 올려야 할 과제까지 밀려 있는 날이면 그날은 온갖 짜증이 폭발하고 말 겁니다. 심지어 하루 이틀 과제가 쌓여 있기라도 하면 정말 말로 설명할 수 없는 분노마저 치밀어 오르죠. 정말 공부가 웬수입니다. 자식이 무슨 죄겠어요.

저도 코로나19 덕분에 두 아이와 함께 온라인 수업을 경험했습니다. 물론 교사의 입장에서도 온라인 수업을 경험했죠. 지난 19년간 초등 교사로서 다양한 아이들을 마주하고 나름대로 아이들마다 적절한 학습 처방도 내려가면서 산전수전 다 겪었다고 자부하고 있었습니다. 그런데 온라인이라는 변수가 생기니 '과연 지금까지의 학습 방법이 앞으로도 효과가 있을까?'라는 의문이 들었어요. 좀 막막하더군요. 하지만 온라인 학습 이전 상황과 비교해볼 때 변한 것과 변하지 않은 것이 있었습니다. 학습하는 환경은 온라인 환경으로 바뀌었어도, 학습을 한다는 행위 자체는 변하지 않는 것이었죠.

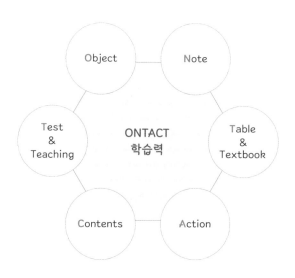

초등 온택트 공부법

정말 좋은 공부 비법들이 책이나 유튜브 채널을 통해 많이 알려져 있습니다. 자기 주도 학습, 메타 인지 학습, 공부 습관, 획기적인 암기 비법 등을 살펴보면 정말 하나같이 좋은 학습 방법들임에는 틀림없어요. 저는 새로운 학습 방법을 제시하는 대신 '오늘도 컴퓨터와 태블릿 PC, 스마트폰을 앞에 두고 온라인 클래스에서 수업을 들어야 하는 자녀의 눈높이에서 이미 알려진 좋은 학습 방법들을 적용시켜줄 수 있는 방법은 무엇일까?'를 고민했습니다. 그렇게 온택트 학습 환경에서 갖춰야 할 학습 능력, 가정에서 할 수 있는 온택트 학습법을 정리해봤습니다.

이제 온택트 학습법을 하나하나 설명하는 온택트 수업을 시작하겠습니다!

1교시 Object

# 혼자 공부에 재미를 더하는
# 목표 세우기

## 하루의 루틴 짜기

아이들은 체계 없이 닥치는 대로 해치우려는 경향이 많습니다. 초등학생이라 경험이 부족하거나 방법을 잘 모르기 때문에 그런 경우가 대부분입니다. 학교 교실에서는 교사가 순서대로 해야 할 일을 정해두면 아이들이 그것을 루틴 삼아 따라 하죠. 하지만 가정에서는 그런 루틴이 없으니 어색해합니다. 하지만 습관이 되고 나면 곧 괜찮아질 겁니다.

아이들이 교실에 가면 가장 먼저 하는 일이 무엇일까요? 교사는 어떤 루틴을 짜놓았을까요? 아이들은 등교를 하고 나면 가장 먼저 가방을 걸어두고 사물함에 있는 교과서를 꺼내옵니다. 그런 다음 시간표 순서에 따라 책상 서랍 안에 정리합니다. 만약 이 과정을 온라인 학습에 대입해 본다면 어떻게 될까요? 온라인 학습이 보통 아침 9시에 시작되니 8시 50분까지 그날의 시간표대로 교과서를 챙기도록 아이들을 이끌어보세요. 이런 식으로 각 가정에서 지켜야 하는 루틴을 짜두는 겁니다.

등교 이전 시간을 생각해볼까요? 대부분 학교에서는 아이들이 8시 30분쯤 등교를 마치도록 지도하고 있습니다. 그렇다면 온라인 학습에서도 등교 시간을 정해보면 어떨까요? 온라인 학습에서는 학교로 이동하는 등교 시간이 없으니 8시 50분을 기준으로 아침 식사 시간, 씻는 시간, 기상 시간을 역순으로 정하면 됩니다. 이 과정을 매일매일의 루틴으로 정해서 아이들에게 알려주세요.

만약 워킹맘이라면 아이가 일주일간 해야 하는 일들을 습관으로 만들 수 있도록 체크리스트를 만들어 잘 보이는 곳에 붙여두세요. 대부분 온라인 수업을 처음 경험하는 것이므로 하루나 이틀 정도 연차를 내서 아이가 학습하는 과정을 한번 확인하는 것도 좋을 것 같습니다. 이렇게 습관을 들인다면 온라인 학습 기간 동안 생활 습관이 무너져 혼란스러워하는 일들을 조금씩 줄일 수 있습니다.

그리고 아이가 영상 보는 시간을 잘 지키고, 과제를 마치고 나면 쉬는 시간을 10~20분 정도 꼭 주도록 합니다. 아무리 집에서 편하게 듣는 온라인 학습이라도 교실 수업에 비해 조금 피곤하게 느껴지는 부분이 있거든요. 아이와 상의해서 쉬는 시간을 정하고 쉬는 시간이 끝나면 다시 온라인 학습을 할 수 있도록 도와주세요.

## 일주일의 루틴 짜기

온라인 수업을 하게 되면 교사들은 일주일 동안 수업할 시간표와 학습 내용을 담은 주안을 학생들에게 공지해야 합니다. 주안을 받게 되면 출력해서 컴퓨터 옆이나 공부하는 장소에 붙여두세요. 그러면 그날의 시간표도 알 수 있고 과제와 준비물도 잘 알 수 있습니다.

아이들이 주안을 보면서 수업을 준비하고 과제를 하도록 지도해주세요. 그러면 그것이 곧 아이가 하루에 학습해야 할 목표가 됩니다. 교사가 제공하는 주안을 잘 활용하면 거창한 꿈과 같은 목표는 필요하지 않습니다. 오히려 오늘 하루 온라인 학습의 목표 범위 내에서 얼마나 잘 수행할 수 있는지와 같은 현실적인 목표를 세울 수 있게 되죠. 그러면 주안을 보고 아이가 온라인 수업에서 배운 내용을 잘 알고 있는지 금요일 정도에 확인할 수도 있어요. 과제를 했는지도 확인할 수 있죠. 여유가 있는 학부모라면 매일매일 확인해도 좋습니다. 저와 같은 워킹맘들은 솔직히 매일 확인하는 것이 어렵긴 하더군요.

초등학교의 경우 학교마다 다르지만, 그날의 출석 여부를 당일의 수업을 모두 들었는지 혹은 일주일 이내 수업을 들었는지로 판단하기도 합니다. 학교 상황에 따라 주안을 적절히 활용하면 될 듯합니다. 하지만 매일매일이든 일주일에 한 번이든 꼭 확인을 해줘야 합니다. 아이들은 수업 듣는 것을 일부러 빠뜨리기도 하지만, 정말 깜빡 실수하기도 하거든요. 그러니까 학부모가 수시로 아이가 수업을 듣는지 확인해주고, 또 제대로 수업 내용을 이해했는지를 확인하면 과제를 대충 하는 일은 어느 정도 줄어들 겁니다. 간혹 정말 수업 내용을 이해하지 못하거나 몰라서 과제를 대충 하는 아이도 있거든요. 그럴 때는 학부모가 전부 해결하려고 하지 말고 교사에게 질문하는 댓글을 써도 좋습니다. 학부모가 교사에게 먼저 질문하는 시범을 보이면 아이들도 모르는 것이 있을 때 교사에게 쉽게 질문할 수 있게 될 테니까요.

## 완료 목표 시간 정하기

간혹 수업에 집중하지 못하고 시간을 끄는 아이들을 위한 특별한 장치가 필요하기도 합니다. 무엇이든 대충 빨리 끝내려는 아이들이 있는 반면, 수업에 집중하지 못하고 멍하게 있다가 시간만 끄는 아이들도 있어요. 그런 아이들에게는 완료 목표 시간, 즉 하교 시간을 정해주세요. 만약 쌍방향 수업으로 하루 종일 1교시부터 6교시까지 진행한다면 선생님이 알려주는 대로 따라가면 문제될 것이 없습니다. 하지만 단방향 수업이라면 아이 혼자 해내야겠죠. 이때에는 영상 재생 시간과 과제 수행 시간을 대략적으로 정해주세요. 모든 과정을 완료해야 하는 시간을 목표로 정해주는 겁니다. 그러면 시계가 이기는지 내가 이기는지를 두고 벌이는 단순한 게임처럼 과제를 받아들여 집중적으로 수행할 수 있습니다.

이것은 제가 1학년 학급을 맡았을 때 급식 시간을 잘 운용하기 위해 활용해본 방법입니다. 참고로 제가 중고등학교 시절에 수학 문제를 풀던 방식에서 착안한 방법이기도 합니다. 당시 저는 문제를 능숙하게 풀수 있을 때까지 자명종 시계를 앞에 두고 자신과 내기를 했습니다. '5문제를 10분 안에 푼다. 그렇지 않으면 시계 안에 있는 시한 폭탄이 터진다!' 하고 최면을 걸면서 말이죠.

그 기억을 살려 1학년 아이들의 급식 시간을 조절할 때 적용해본 것입니다. 학급 아이들 중에 친구들과 떠드느라 밥을 너무 늦게 먹는 아이가 있었거든요. 그래서 그 아이에게 시계와 대결을 해보자고 권했죠. 긴 바늘이 12에 왔을 때에도 자리에 앉아 있으면 시계가 이기는 것이고, 12에 오기 전에 급식실을 나간다면 아이가 이기는 것이라고요. 결과가 어떻게 됐을까요? 승률이 정확히 기억은 나지 않지만 아이가 점점 이겨나갔고 나중에는 대결이 필요 없어졌습니다. 여기서 예로 든 것처럼 아이가 온라인 학습에 집중할 수 있도록 끝나는 시간을 정해두세요. 가정에서 학부모가 함께 확인할 수 있다면 목표 완수에 따른 종소리를 울려주세요. 아이가 기분 좋게 하루의 학습을 마쳤다는 세리머니로 생각할 수 있도록 말이죠.


### 스스로 계획표 짜기

초등학교 1, 2학년은 스스로 계획 세우기를 어려워할 수 있어요. 그때는 학부모가 대신 양식을 만들어서 아이에게 과제량을 적을 수 있도록 도와주면 됩니다. 아이가 3, 4, 5, 6학년이 되면 학부모가 양식을 만들어줘도 되고, 스스로 계획표를 만들어 자신이 해야 할 과제를 정하고 적을 수 있게 이끌어주세요. 한글 파일에서 표로 만들어 출력 후 눈에 잘 띄는 곳에 붙여두면 좋습니다. 계획표를 출력해두면 늘 확인할 수 있으니 실천하는 데 도움이 됩니다. 단, 한꺼번에 모아두기에는 불편하다는 단점이 있습니다. 플래너를 활용하면 쉽게 정리할 수 있어 좋지만 눈에 잘 띄지 않아 잊어버릴 가능성이 있어요. 이 외에도 스마트폰의 플래너 앱을 사용해도 좋겠지만 초등학생 수준에서는 조금 불필요하거나 알기 힘든 항목들이 있으므로 줄공책이나 플래너를 이용하는 것을 추천드립니다.

학습 계획표을 만들 때는 일주일 단위로 짜는 것이 좋습니다. 일주일은 하나의 주기가 되기 쉽고 일주일 단위 안에서 하루하루의 계획을 루틴으로 만들 수 있으니까요. 우선 일주일 동안 실천해보고 보완이 필요한 부분은 수정하면 됩니다. 양이 지나치게 많아도 수정, 지나치게 적어

**학습 계획표 예시**

| 월 | 화 | 수 | 목 | 금 | 토 |
|---|---|---|---|---|---|
| ·온라인 과제<br>·수학문제집<br>14~16쪽<br>·독서<br><마당을<br>나온 암탉><br>4~30쪽<br>·영어 단어<br>10개<br>·영어 독서 | ·온라인 과제<br>·수학문제집<br>17~19쪽<br>·독서<br><마당을<br>나온 암탉><br>31~60쪽<br>·영어 단어<br>10개<br>·영어 독서 | ·온라인 과제<br>·일기 쓰기<br>·수학문제집<br>20~22쪽<br>·독서<br><마당을<br>나온 암탉><br>61~80쪽<br>·영어 단어<br>10개<br>·영어 독서 | ·온라인 과제<br>·수학문제집<br>23~25쪽<br>·독서<br><마당을<br>나온 암탉><br>81~100쪽<br>·영어 단어<br>10개<br>·영어 독서 | ·온라인 과제<br>·독서록 쓰기<br>·수학문제집<br>26~28쪽<br>·독서<br><마당을<br>나온 암탉><br>101~120쪽<br>·영어 단어<br>10개<br>·영어 독서 | ·피드백 시간<br>가지기<br>·밀린 과제<br>해결하기 |

도 수정해야겠죠. 과제의 분량은 아이가 그날 학습을 마쳤을 때 저녁 식사를 먹고 나면 쉴 수 있는 시간을 가질 수 있는 정도여야 합니다.

보통 독서나 수학문제집, 영어 단어 외우기 등은 규칙적으로 해야할 학습량에 포함시킵니다. 그리고 매일매일 생기는 온라인 수업 과제는 일주일 전에 계획할 수 없으니 해당일에 적을 수 있도록 칸을 비워두세요.

계획과 실천은 목표를 이루기 위한 쌍두마차입니다. 아무리 계획을 잘 짰어도 실천하지 않으면 목표를 이룰 수 없겠죠. 계획을 실천하게 만드는 많은 방법들이 있겠지만 당근과 채찍을 잘 쓰는 것이 묘미입니다. 아이에게 주는 당근으로 스티커를 활용하면 좋습니다. 아이가 스스로 세운 계획을 그날 모두 잘 실천했을 때 칭찬과 함께 스티커를 주는 것이죠. 스티커가 일정량이 모이면 아이와 미리 합의한 보상을 주도록 하고요. 단, 보상이 너무 과해서 배보다 배꼽이 큰 경우는 없도록 하는 것이 좋습니다.

2교시 Note

# 키보드보다 연필이
# 학습력을 키운다

## 암기력을 높이는 필기법

온라인 학습도 내용을 정리해서 쓰는 과제를 제출해야 합니다. 배움 공책 쓰기, 학습 꾸러미에 있는 학습지 쓰기, 교과서 내용 정리해 쓰기 같은 과제들이 주어집니다. 온라인 학습 위주인데다 컴퓨터를 주로 활용하는 상황이므로 교육 철학에 따라서는 손글씨 과제에 대한 필요성을 의심하기도 합니다. 하지만 기초를 가르치는 기본 교육 과정인 초등학교에서는 아이들이 반드시 손글씨로 정리하도록 가르치고 있습니다.

물론 요즘 아이들은 연필을 쥐고 글씨 쓰는 것보다 키보드를 두드리거나 화면에 터치하는 데 익숙합니다. 그럼에도 불구하고 손으로 글씨를 쓰는 과정에는 학습 능력 향상이라는 긍정적인 효과가 있습니다. 제아무리 뛰어난 컴퓨터 프로그램을 활용해 보고서를 작성하거나 온라인 도구를 사용해 내용을 정리하더라도 쓰기 능력을 기본적으로 갖추고 있어야 제대로 정리할 수 있습니다.

1966년 노벨 생리의학상을 수상한 피터 도허티<sup>Peter C. Doherty</sup> 박사는 노벨상을 받게 된 원동력을 묻는 질문에 예상 밖의 대답을 한 것으로 유명합니다. 그는 독서 경험과 함께 글쓰기 능력을 강조했습니다. 그의 대답에는 아무리 과학자라고 해도 자신의 연구 결과를 효과적으로 발표하려면 글을 잘 써야 한다는 의미가 담겨 있습니다. 글쓰기를 잘하게 되면 자신의 생각을 정리하는 데도 많은 도움이 되기 때문이죠.

저학년은 수업에서 들은 내용을 노트에 따로 필기하기보다 교과서 질문에 대해 또박또박 자신의 생각을 정리할 수 있도록 도와줘야 합니다. 학습 꾸러미에 포함된 학습지에도 내용을 정리한 후 L파일에 모아뒀다가 등교 개학일에 제출할 수 있게 도와주세요. 저학년 시기는 바르게 글씨 쓰기 연습을 할 수 있는 가장 좋은 시기이므로 많은 내용을 쓰기보다 적은 내용이라도 바르게 쓸 수 있도록 도와주면 됩니다.

고학년은 노트 필기가 필요한 과목이 많이 생깁니다. 노트 필기를 많이 시키는 선생님도 있고 필기를 시키지 않는 선생님도 있어요. 제 아이를 가르친 선생님들은 대부분 노트 필기를 꼼꼼하게 지도해주는 선생님들이었어요. 참 감사했죠. 그중 코넬 노트 필기법(218쪽 참조)이라는 방법을 활용하는 선생님도 있었습니다. 그날 배운 내용을 시간표대로 핵심만 정리하도록 지도를 해주시더군요. 매일 정리를 해야 하는 수고는 있었지만, 아이가 수업의 핵심 내용을 쉽게 알 수 있다는 면에서 좋은 필기법이라고 생각합니다. 보통 여러 과목 중 사회나 수학 과목에서 노트 필기를 많이 하게 됩니다. 특히 암기해야 할 개념들이 많은 사회

과목은 교과서에 정리하기보다 노트 필기를 하는 편이 정리하기도 편리하고 기억하기도 좋습니다.

## 글쓰기도 배우는 배움 공책

배움 공책(공부 성찰 노트) 쓰기를 과제로 내주는 학교들이 있을 겁니다. 아이들의 숙제라기보다 부모 숙제 같아서 힘들어하는 학부모들이 정말 많다고 하죠. 보통 3학년부터 내주는 과제인데 2학년에게도 쓰게 하는 경우도 종종 있는 것 같습니다. 학교에 따라, 교사에 따라 배움 공책 쓰기를 과제로 내주는 경우도 있고, 내주지 않는 경우도 있습니다.

배움 공책 쓰기는 말 그대로 그날 학습 목표에 따라 배운 내용과 느낀 점을 간단하게 적는 과제입니다. 노트에 쓰면서 그날 배운 내용을 다시 떠올리고 내용을 체계적으로 이해하는 과정이죠. 저는 개인적으로 아이들이 노트 필기를 한다면 배움 공책을 따로 쓸 필요는 없다고 생각합니다.

그렇다면 노트 필기와 배움 공책 쓰기는 어떤 차이가 있을까요? 노트 필기는 팩트 위주로 학습 내용을 정리하는 것입니다. 그에 비해 배움 공책은 학습 내용을 학습 목표와 관련된 한두 문장으로 간단하게 정리하면서 무엇을 배우는 데 어려웠고 더 알고 싶은 것은 없는지 등을 성찰하면서 적는 정리법입니다. 조금 더 감성적인 접근법이라 할 수 있습니다.

아이들은 느낀 점을 적으라고 하면 대부분 표현하기 어려워합니다. 자신의 느낌을 구체적으로 표현할 만한 단어를 찾지 못한 경우가 많거든요. "재미있었다", "어렵다", "또 하고 싶다", "잘 모르겠다" 정도로 쓰고 말죠. 그런 와중에 학부모가 "이것도 느낌이라고 적니? 다시 써!" 하고 잔소리를 하면 아이들은 세상을 다 잃어버린 표정으로 "다 썼는데 왜 또 다시 쓰래!" 하면서 제4차 공부 대전이 펼쳐지게 됩니다. 너무나 익숙한 풍경이 아니던가요?

아이들이 자신의 느낌을 적기 어려워하는 것은 당연합니다. 자신이 가진 느낌을 표현할 만한 단어를 잘 모르니까요. 자신의 느낌을 대변하는 단어를 잘 모르고 익숙하지 않으니까 단순하게 표현하는 것은 어쩔 수 없어요.

배움 공책을 쓸 때 처음에는 느낌 카드를 활용해 아이들에게 다양한 느낌들을 표현하는 단어들을 알려주세요. 느낌 카드에서 배운 단어들은 독서록이나 일기를 쓸 때에도 사용하게 하고요. 어떤 단어든 자주 활용하면 할수록 단어를 활용하는 실력이 늘어납니다. 또 어떤 내용(상황) 때문에 그런 느낌이 들었는지도 한두 문장으로 표현하게 도와주세요. 마지막에는 부정적인 감정이 들었어도 항상 긍정적인 느낌으로 마무리 짓는 것이 중요합니다. 사소한 차이지만, 마지막에 긍정적으로 마무리를 하고 나면 다른 모든 일들도 긍정적으로 보려는 자세가 생깁니다.

간단히 말해 배움 공책을 쓸 때 그날 배운 내용을 학습 목표를 중심으로 짧게 적고 자신이 느낀 점을 적으면 됩니다. 길게 적지 않아도 됩니다. 익숙해지면 점점 길게 적을 수 있을 겁니다. 예를 들어볼게요.

삼각형의 넓이를 구하는 공식은 밑변 × 높이 ÷ 2이다.

(핵심 내용 정리)

사각형의 넓이를 이용해서 삼각형의 넓이를 구한다는 것을 알게 돼 무척 새로웠다.

(알게 된 내용 정리)                                                                    (느낀 점)

이런 식으로 적는 것이죠. 하나 더 예를 들어볼까요?

새로 알게 된 낱말들을 잘 알아보기 쉽게 하기 위해 나만의 낱말 사전을 만들었다.

(활동 목표에 따라 내용 정리)

그림을 그리고 단어를 정리하는 것이 힘들었지만 다 만들고 나니 보람 있었다.

(느낀 점)

배움은 두부를 자르듯 딱딱 잘라서 얻을 수 있는 것이 아닙니다. 서로 섞이고 한데 어울릴 때, 무언가를 배우지 않는 것처럼 보여도 부지불식간에 자라나는 대나무처럼 어느 순간 결과로 나타납니다. 저는 가르치는 직업을 갖고 있는 덕분에 다양한 경험을 통해 아이들의 상황을 이해할 수 있지만 학부모들이라면 문제가 다를 겁니다. 모두 처음 겪는 일이기에 막막하기도 하고 답답하리라 예상됩니다. '이런 것까지 다 가르쳐야 돼?'라고 생각할 수도 있어요. 하지만 처음엔 누구나 마찬가지입니다. 그리고 모두 실수를 하면서 배우게 됩니다. 처음부터 학부모로서 모든 것을 잘 대처하는 부모는 없습니다. 교사라고 예외는 아닙니다. 그리고 아이가 노력을 했다면 꼭 격려해주세요. 부모와 아이는 서로 격려하며 나아가야 하는 한 팀이라는 것을 잊지 마세요.

조금 더 욕심을 부리자면 부모들도 양육 성찰 일기를 써보길 추천합니다. 칼 비테의 『영재교육법』에 따르면 부모가 양육 일기를 쓰면 본래의 양육 계획에 맞게 성실히 이행할 수 있다고 합니다. 아이는 부모의 등을 보고 자란다고 하는 말도 있잖아요. 백 번 말로 하는 것보다 한 번의 행동이 더 큰 울림을 줄지 모릅니다.

# 학습의 기본,
# 책상과 교과서 정복하기

▶ ‖ ————————————●——————————————

## 집 공부 공간 만들기

온라인 학습은 정보화 기기를 앞에 두고 동영상을 보는 학습 과정입니다. 아이들은 컴퓨터나 태블릿 PC, 스마트폰으로 또 다른 영상을 보거나 게임을 하고 싶은 유혹에 빠질 수밖에 없습니다. 컴퓨터 같은 정보화 기기가 놓여 있는 책상과 혼자 공부하는 책상은 따로 구분하는 것이 좋습니다. 만약 컴퓨터 책상과 공부 책상을 구분할 수 없다면 식탁을 공부하는 책상으로 활용해도 됩니다. 단, 식탁에서 온라인 학습이나 공부를 할 때 아침 식사를 하거나 간식 먹는 것은 금지해야 합니다. 무엇보다 공부와 일상생활을 구분하는 것이 중요합니다.

공부할 때는 집중할 수 있는 분위기를 철저하게 유지해야 합니다. 교실에서 수업할 때 간식을 먹으면서 하지는 않잖아요? 가정에서 온라인 학습을 하게 되더라도 공부 시간과 쉬는 시간을 구분해야 공부 습관이 잘 잡히고 집중력과 같은 학습 능력이 생깁니다. 컴퓨터 책상과 공부 책상을 분리한다는 의미를 충분히 이해하길 바랍니다.

그리고 앞서 온택트 학습력의 기반이 되는 적응력 중 첫 번째로 소개한 절제 훈련도 함께 떠올려보세요. 절제 훈련은 한번 시도한다고 계속 지속되지 않습니다. 끊임없이 실천해야 해요. 욕구는 끊임없이 생겨나게 마련이니까요. 다이어트를 하는 사람이 "나는 음식의 유혹을 견뎌보겠어."라고 다짐하면서 피자, 치킨, 떡볶이를 눈앞에 두고 계속 바라보는 것만큼 어리석은 일이 또 있을까요? 어떤 목표를 이루고자 할 때는 자신의 마음을 유혹하는 것들을 과감하게 눈앞에서 치워버려야 합니다. 그것들을 치울 수 없다면 스스로 자리를 박차고 일어나는 용기도 필요합니다. 아이들이 집중해서 학습을 하도록 이끌고 싶다면 두 개의 책상은 꼭 분리하길 권합니다.

## 혼자 공부를 돕는 책상 정리법

지금 아이의 책상 상태를 한번 살펴보세요. 어떤가요? 저희 아이 둘의 책상도 대단할 것이 없는 것 같군요. 우선 저희 집에는 책상이 많습니다. 앞서 말한 원칙에 따라 컴퓨터 책상이 하나 있고, 아이들 방마다 공부 책상이 있습니다. 그리고 그룹 스터디를 위해 준비한 긴 책상까지 총 4개가 있습니다. 물론 종종 식탁에서 공부를 하기도 합니다. 책상의 정리 상태가 어떤지 궁금한가요? 부끄럽지만 아주 평균적인 상태라고 할 수 있어요. 하나하나 살펴보도록 하겠습니다.

먼저 컴퓨터 책상에는 컴퓨터와 그날 온라인 학습에 필요한 교과서들이 올라와 있습니다. 헤드셋도 있고요. 이 정도면 아주 무난하다고 할 수 있어요. 다음으로 아이들 방으로 가볼게요. 아이들마다 책상의 상태는 조금씩 차이가 있습니다. 한 아이의 책상에는 책과 공책, 학습지가 모두 뒤섞여 한 몸을 이루고 있네요. 다른 아이의 책상에는 책과 공책이 가지런히 꽂혀 있고 과제나 그림 노트, 컬러링북 정도만 필요할 때마다 올라와 있어요. 형제라도 이렇게 차이가 큽니다.

마지막으로 스터디를 위해 준비했던 긴 책상은 제가 주로 앉아서 지금처럼 글을 쓰거나 책을 보는 데 활용합니다. 물론 아이들도 함께 앉아 공부할 때도 있어서 책과 문제집 등이 탑처럼 높이 쌓여 있습니다. 저희 집의 일상적인 책상의 모습은 이렇습니다. 여러분의 집과 책상은 어떤가요?

잠시 우리 학부모들의 시간을 과거로 되돌려보겠습니다. 중고교 시절에 시험 대비 공부를 하겠다며 마음을 다잡던 때를 떠올려보세요. 평소 늘 어질러져 있던 책상을 정리하느라 에너지를 낭비하고는 정작 정리된 책상 앞에 앉아 꾸벅꾸벅 졸았던 기억이 떠오르지 않나요? 공부에 쏟아야 할 에너지를 책상 정리 같은 엉뚱한 일에 분산시킨 바람에 정작 공부할 에너지가 없어진 경우요. 그렇다고 지저분한 책상에서 공부를 하는 것도 그냥 두고 볼 수 없는 참 아이러니한 상황을 한 번쯤 겪어봤을 겁니다.

책상 정리를 잘해둔다고 반드시 학습력이 좋아지고, 정리 상태가 나

쁘다고 반드시 학습력이 나쁜 것도 아닙니다. 제 경험상 학습력이 좋은 학생들의 책상이 대체로 정리가 잘돼 있는 것만은 분명합니다. 교실에서도 책상 정리, 사물함 정리를 지도하고 수시로 다시 정리하기도 하거든요. 그때 학습 성취도가 높은 아이들일수록 책상 서랍 정리나 사물함 정리가 잘돼 있는 경우를 많이 목격했습니다. 반대로 학습 성취도가 낮은 아이들일수록 정리 상태가 썩 좋지 않은 경우가 많았죠.

책상 정리를 할 때에는 교과서, 공책, 학습지를 구분해 칸마다 보관하도록 지도해주세요. 자질구레한 물건들은 상자에 담아 서랍 안에 넣어두도록 하고요. 예쁜 쓰레기통을 마련해 스스로 쓰레기를 모으고 버릴 수 있도록 알려주세요. 아이들 스스로 공부하기를 원한다면 책상 정리도 알아서 할 수 있어야 합니다. 몇 번이고 반복해 청소하고 주기적으로 정리해야 할 일이 생기더라도 말이에요. 그건 어른도 마찬가지겠죠.


## 집중력을 높이는 기본 자세

저의 어머니는 저와 동생들에게 늘 입버릇처럼 말씀하셨습니다. "똑바로 앉아라." 그 말을 들으며 자란 덕분인지 선생님들과 바닥에 앉는 일이 생길 때마다 제가 허리를 쭉 펴서 잘 앉아 있다는 말을 많이 들었습니다. 책상에 앉을 때도 바르게 앉는 것은 학습에 많은 영향을 미치는 것 같습니다. 또 척추측만증과 같은 병리학적인 이야기를 꺼내지 않아도 집중력을 가지고 생각할 수 있는 자세라는 것을 쉽게 알 수 있습니다. 우리가 텔레비전을 보는 자세와 비교해보면 말이죠.

텔레비전을 볼 때는 별생각 없이 보곤 합니다. 머리를 쓸 일이 별로 없기 때문이죠. 자연스레 소파에 기대서 보기도 하고 누워서 보기도 하고 몸이 편한 대로 자세를 잡고 보기 일쑤입니다. 수업 시간에 앉는 자세처럼 허리를 꼿꼿이 세워서 텔레비전을 본다고 상상만 해도 웃기지 않나요? 그런데 반대로 수업 시간에 텔레비전을 보는 자세로 앉아 있는다면? 아마 머릿속이 어떻게 작동하고 있는지 짐작할 수 있겠죠?

인지심리학자인 아주대학교 김경일 교수는 마음과 신체는 하나라고 말했습니다. 그래서 자신도 코로나19로 인해 재택근무를 하는 기간 동안 온라인 강의를 할 때 일부러 옷을 단정하게 입었다고 해요. 또 몸이 출근했을 때처럼 반응하도록 출입카드를 찍는 흉내도 냈다고 합니다. 혹시 우리 아이들이 집에 있는 동안 늘 편한 차림으로 온라인 수업에 참여하진 않았는지 생각해보세요. 지금부터라도 아이의 몸과 마음 그리고 뇌가 '이제 공부할 준비가 됐어'라고 생각할 수 있도록 세수도 하고 머리도 빗고 옷도 단정하게 입은 후에 온라인 수업에 참여하도록 지도해주세요.

## 장기 기억을 만드는 교과서 학습법

교과서는 아이들이 공부할 때 꼭 봐야 하는 기본 개념서입니다. 문제집도 교과서를 바탕으로 만들죠. 그런데 많은 아이들이 공부하면서 교과서를 팽개쳐두고 문제집만 계속 풀거나 문제집 요점 내용만 외우기도 합니다. 교과서의 구성을 이해하는 것은 매우 중요한 학습 단계입니다. 만약 가정에서 교사의 지도 없이 동영상을 보고 혼자 학습을 할 경우 자칫 교과서의 내용 구성이나 맥락을 제대로 이해하지 못한 채 학습할 수 있어요. 그러면 자연스레 학습력도 떨어지게 되겠죠.

교과서는 크게 단원, 학습 문제, 학습 내용, 단원 정리로 구성됩니다. 예를 들어 사회 과목은 대단원 안에 소단원 2~3개가 포함돼 있습니다. 공부할 때 무작정 학습 내용을 보기 시작하면 교과서의 큰 그림을 보기 어려워요. 지금 보고 있는 학습 내용이 어느 단원을 배울 때 나오는지를 계속 확인해야 합니다. 학습 내용이 단원의 제목과 학습 문제에 맞춰 나왔다는 것을 계속 확인하면서 본다는 의미는 지금 내가 무슨 내용을 공부하고 있는지 계속 확인하면서 전체적인 내용을 이해해나가는 것과 같습니다.

초등학교 4학년 1학기 과학 4단원의 차례를 살펴보도록 하죠.

차례에 등장하는 캐릭터는 해당 단원의 내용과 어울리도록 만들어졌습니다. 따라서 캐릭터는 해당 단원에 꼭 등장합니다. 캐릭터만 봐도 단원의 내용을 떠올릴 수 있죠. 물체의 무게 단원에서는 양팔저울이 캐릭터예요. 그 덕분에 물체의 무게를 어떻게 재는지를 배우는 단원이라는 것을 쉽게 알 수 있는 것이죠. 그러면 물체의 무게를 어떻게 배우는지 어디에서 확인해야 할까요? 그것을 바로 학습 내용에서 확인하는 것입니다.

"용수철 저울로 물체의 무게를 어떻게 측정할까요?"라는 학습 문제

| 4학년 1학기 과학 4단원 | 내용 구분 | |
| --- | --- | --- |
| | 단원 | 과학적 개념을 담은 단원명이 나타납니다. |
| | 학습 문제 | - 재미있는 과학<br>과학을 흥미있게 느낄 수 있도록 해당 단원과 관련된 재미있는 활동을 제시합니다. |
| | | - 과학 탐구<br>학습 문제를 중심으로 단원의 학습 내용을 배워나가게 됩니다. |
| | | - 과학과 생활<br>해당 단원의 과학적 개념이나 원리가 담긴 실생활 자료를 만들어봅니다. |
| | 단원 정리 | 마인드 맵을 활용해 개념을 정리하도록 합니다. |

를 해결하기 위한 실험부터 실험 결과 내용을 정리한 부분까지가 학습 내용입니다. 그러면 학습 내용을 읽을 때 물체의 무게를 측정하는 방법을 생각하면서 읽어야 한다는 뜻이 됩니다.

그냥 학습 내용부터 읽는 것과 별다른 차이가 없어 보이지만 하늘과 땅 차이의 학습법입니다. 차례를 보면서 학습 내용을 이해하는 연습을 한 아이들은 머릿속 파일에도 과학 책의 차례와 같은 섹션을 만들어 학습 내용을 각각 담을 수 있습니다. 학습 내용을 머릿속에 저장해둬야 다음 학습 내용을 학습할 때 이미 알고 있는 섹션에 더할지 또 다른 섹션으로 분류해 저장할지를 결정할 수 있습니다. 그런 과정을 통해 저장된 학습 내용은 장기 기억으로 이어지기 쉽습니다.

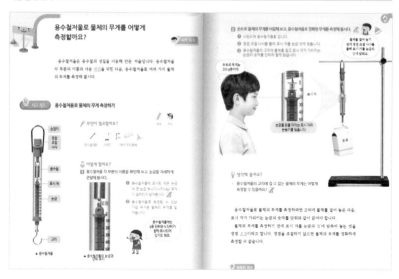

바로 이 개념이 스위스의 심리학자이자 인지발달 연구의 선구자 장 피아제Jean Piaget가 제시한 스키마(구조화된 지식) 이론입니다. 초등 학습 때부터 머릿속에 스키마를 많이 만들어놓으면 중등, 고등 학습의 깊이 있는 개념 학습에도 도움이 됩니다. 또, 학습 목표를 중심으로 내용을 살펴볼 때 학습 내용의 핵심을 파악할 수 있습니다. 핵심을 중심으로 공부하고 학습 내용을 정리하면 효율적인 공부를 할 수 있겠죠.

앞뒤 가리지 않고 학습 내용만 많이 읽는다면 우리의 머릿속 파일은 한꺼번에 담아두기만 할 뿐입니다. 그러면 다음 내용을 학습해도 자신이 알고 있는 내용과 연결 짓는 데 어려움을 느낍니다. 또 분명히 배운 내용임에도 머릿속 파일에서 찾아내기 힘들죠. 집 안에 있는 물건도 종류대로 정리해놓지 않으면 '어디 있더라? 분명히 여기에 있었는데' 하면서 찾고 또 찾게 되지 않던가요? 이렇게 물건을 찾기 힘든 것도 종류대로 정리해놓지 않았기 때문이죠. 머릿속 파일도 교과서의 차례를 생각하면서 학습 문제를 중심으로 정리하는 습관을 들인다면 훨씬 오래 기억할 수 있고 자신이 배운 학습 내용에도 적용하기 쉬워집니다.

아이들이 이 방법을 처음부터 잘 학습할 수 있을까요? 어림도 없습니다. 꾸준히 연습해야 해요. 교과서를 보는 눈은 절대로 하루아침에 키워지지 않습니다. 하지만 한 학기, 1년, 2년 꾸준히 지속하다 보면 분명히 핵심 내용을 중심으로 공부하는 법을 배워나갈 수 있을 거예요.

## 멀티 미디어를 활용한 디지털 교과서

에듀넷과 E - 학습터에 가면 디지털 교과서를 다운로드 받을 수 있습니다. 현재는 초등학교의 경우 사회와 과학, 영어만 디지털 교과서를 제공하고 있습니다. 다른 교과서는 PDF 파일로만 제공되고 있어요. 디지털 교과서가 일반 교과서와 다른 점은 종이 교과서에서는 다룰 수 없는 내용이 담겨 있다는 것이에요. 그래서 수업 시간에 배운 내용을 보충해 더 자세히 학습할 수 있죠.

예를 들어 해당 차시를 학습할 때 도움될 만한 영상이나 사진 자료들이 추가로 삽입돼 있고 마무리 문제가 또한 매 차시마다 제시돼 있어 개

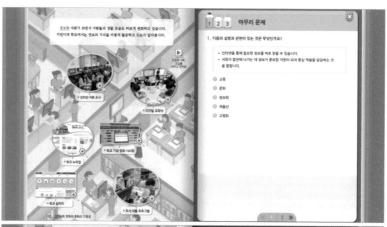

## 실감형 콘텐츠 앱

## 실감형 콘텐츠 자료 화면

넘을 제대로 이해했는지 확인할 수도 있답니다.

구글 플레이 스토어나 애플 앱스토어에서 실감형 콘텐츠를 검색해 설치하면 3~6학년 사회와 과학 디지털 교과서에서 제공하는 VR과 AR 자료도 볼 수 있습니다. VR, AR 서비스는 일반 컴퓨터에서는 실행되지 않고 모바일 기기를 통해 실행할 수 있어요.

# 손끝과 발끝에서
# 시작되는 공부 습관

▶❚❚ ──────────────●──────────────

## 뇌 세포가 살아나는 근육 운동

인지심리학자 피아제의 인지발달 단계 이론에 따르면 초등학교 1학년에서 6학년까지는 구체적 조작기(만 7~11세)와 형식적 조작기(만 11세 이후)에 걸친 시기입니다. 구체적 조작기란 사고를 논리적으로 조작할 수는 있지만 아직까지는 관찰이 가능한 구체적인 사건이나 사물 등에 능력이 한정돼 있는 시기를 말합니다.

예를 들면 이 시기에 해당하는 아이들이 덧셈 혹은 뺄셈을 할 때 손가락과 발가락을 모두 동원해 계산한다거나 바둑알을 세며 계산한다거나 하는 이유는 추상적인 연산 개념을 구체화시켜 인지하려는 것입니다. 즉, 직접 조작해보고 실제로 몸을 움직여볼 때 더 잘 이해할 수 있는 단계라는 뜻입니다.

실제로 초등학령기는 많은 신체 활동을 통해 온몸으로 지식을 체득하는 시기입니다. 또한 눈과 손의 협응 활동을 통해 우리의 뇌는 점점 발달돼 갑니다. 따라서 구체적인 조작을 통한 학습이 많이 필요한 시기인 초등학령기에 온라인 영상 위주의 학습을 하게 되면 자칫 학생들의 인지 능력을 저하시킬 수 있습니다. 따라서 온라인 학습 시기라 해도 학생들이 조작과 활동을 겸비한 구체적인 신체 활동을 통해 학습 능력을 향상시킬 수 있도록 도와주는 것이 중요합니다.

인간의 근육은 일반적으로 대근육에서 소근육으로 발달하게 돼 있습니다. 대근육이란 팔과 다리 전체를 움직이게 하는 근육이며, 소근육이란 발가락이나 손가락 등을 움직이게 하는 근육입니다. 요시다 다카요시가 쓴『공부의 고수가 말하는 최강의 학습법』을 보면 장시간에 걸쳐 공부만 계속하면 뇌의 일부분만 계속 사용하게 돼 피로감을 느낄 수 있다고 합니다. 하지만 적절한 운동을 하면 뇌 전체의 균형이 잘 이루어져서 보다 많은 뇌 세포를 학습에 이용할 수 있다고 합니다. 그러므로 발달 단계상 저학년인 경우 대근육을 많이 움직일 수 있게, 고학년인 경우 소근육을 많이 움직일 수 있게 이끌어준다면 인지 능력 향상에 도움이 되고 학습 효과도 좋아질 수 있을 것입니다.

## 줄넘기가 학습 성취도를 높인다

저학년 시기에 대근육을 많이 움직이려면 체육 활동을 해야 합니다. 줄넘기나 수영, 태권도처럼 몸을 많이 움직이는 운동은 대근육을 발달시키는 데 도움을 줍니다. '건강한 신체에 건강한 정신', '지·덕·체'라는 구호는 이미 옛말이 된 듯하지만 초등교사로서 오랫동안 경험한 바로는 진리에 가깝다고 말씀드리고 싶습니다.

저학년 중 대근육 운동을 자신 있게 할 수 있는 아이들은 자신감이나 성취도가 대체로 높은 편이었습니다. 학교에서 자주 시키는 줄넘기를 예로 들어보죠. 언어 발달이 느리거나 성취감이 낮거나 학습 성취도가 낮은 아이 중에는 줄넘기를 힘들어하는 아이들이 많았습니다. 대근육을 꾸준히 움직이도록 지도해 건강한 신체를 만들어주세요. 손과 발, 머리에서 협응이 잘 일어날 수 있도록 도와주면 인지 능력을 키우는 데 도움이 될 것입니다. 이 외에 아이가 좋아하는 신체 활동을 저학년 때 많이 하도록 지도하는 것이 좋습니다.

## 악기 연주가 인내심을 키운다

대근육도 정말 중요하지만, 인지적인 학습 능력의 발달에 관여하는 근육은 소근육입니다. 정밀한 근육 운동에 관여하는 소근육을 움직이면 두뇌 활동을 활발하게 만듭니다. 가장 대표적인 것이 리코더 연주나 색종이 접기처럼 손가락을 많이 움직이게 하는 활동입니다.

초등학교에서 리코더 연주는 3학년 때부터 배웁니다. 제 경험상 리코더 연주를 어려워하는 학생들은 대부분 낮은 학업 성취도를 보였습니다. 리코더 연주뿐만 아니라 모든 악기 연주는 눈과 손 그리고 머리의 협응이 동시에 일어나야 하는 고난이도의 작업입니다. 특히 운지법이 달라지거나 피아노 건반, 기타 줄 위로 손이 현란하게 오가는 악기 연주에는 훈련 과정도 필요하고 인내라는 산도 넘어야 하므로 여간 쉬운 일이 아니죠. 그만큼 빨리 포기하는 학생들도 생깁니다.

소근육의 발달은 뇌의 발달과도 연관성이 있기 때문에 리코더 연주를 힘들어하면 색종이 접기도 힘들어할 수 있습니다. 특히 색종이 접기는 평면을 입체로 바꾸는 만큼 공간 지각력도 있어야 하고 끈기도 있어야 합니다. 당연히 소근육도 발달해야 할 수 있겠죠. 아이의 소근육을 발달시키려면 악기 연주, 색종이 접기를 꾸준히 하도록 지도해주세요.

## 수학 공부를 돕는 손의 감각

피아제의 인지발달 이론에 따르면 초등학생들은 구체적 조작기에 해당하며 고학년이 되면 형식적 조작기로 넘어가게 됩니다. 물론 인지발달 단계가 신체 발달과 항상 맞아떨어지지는 않습니다. 인지발달 수준에 따라 고학년이 됐어도 구체적 조작기에 머물러 있는 아이들도 있습니다. 구체적 조작기에는 구체물이 눈에 보일 때 인지적 사고가 활발하게 일어난다는 특징이 있습니다. 바꿔 말하면 구체화되지 않은 추상적인 개념이나 사고가 어려운 시기입니다.

이쯤 되면 아이들이 어떤 과목에서 어려움을 느낄지 조금 감이 오겠죠? 네, 맞습니다. 바로 수학입니다. 수학은 추상적 사고가 필요한 학습 과정입니다. 그러니 아이들이 힘들어할 수밖에요. 그래서 구체적 조작

물을 이용한 수학 학습이 꼭 필요합니다.

저학년 시기에는 수에 대한 개념을 익힐 때 바둑알로 셈을 충분히 할 수 있어야 합니다. 중학년 시기에는 각도에 대한 개념을 익힐 때 직접 색종이를 잘라가며 공부해야 합니다. 고학년 시기에는 부피에 대한 개념을 익힐 때 실제 종이컵이나 우유팩 같은 것으로 실제로 측정해봐야 하고, 분수의 개념도 분수 막대 등을 이용한 조작 활동을 해봐야 합니다.

## 무엇이든 지속하는 힘

공부를 한다는 것, 학습을 한다는 것은 벽돌 쌓기와 같아요. 꾸준하게 노력해야 성과를 거둘 수 있죠. 하지만 어떤 일이든 꾸준히 계속해나간다는 것이 어디 쉽나요? 그럴 때는 부모님도 같이 어떤 일을 꾸준히 계속하는 모습을 보여줘야 합니다. 펜실베이니아대학 심리학과 교수 앤절라 더크워스는 '그릿 키우기'라는 개념을 소개합니다. 그가 쓴 책 제목이기도 한 『그릿』은 열정, 끈기 혹은 투지를 의미합니다. 아이큐를 넘어 어떤 일을 끝까지 마무리할 수 있게 만드는 요인이기도 해요.

온라인 학습에서는 교사의 직접적인 지도가 부족할 수 있기 때문에 아이 스스로 어떤 목표를 하나 정해 끝까지 이루어내는 경험이 굉장히 필요합니다. '그릿 키우기'가 필요한 것이죠. 작은 목표부터 시작해 성취를 이루면 점점 성취가 확장돼 더 큰 목표도 성취할 수 있게 됩니다.

더크워스는 "자녀에게 끈기나 그릿이 생기기를 바란다면 먼저 당신 자신이 인생의 목표에 얼마만큼 열정과 끈기를 가지고 있는지 질문해 보라."고 말합니다. 하나의 일을 끈기 있게 해내는 것이 얼마나 힘든지는 해본 사람만이 압니다. 학부모들도 어려운 목표 하나를 정해 직접 도전하면서 아이와 함께 서로 격려하는 기회를 삼는다면 아이의 '그릿'을 키우는 훈련이 될 수 있습니다. 매사에 끈기를 가지고 임한다면 결국 목표를 성취하는 아이로 자라게 될 겁니다.

# 학습의 빈틈을 없애는
# 완벽한 집 공부 콘텐츠

▶ ||

## 공부 습관과 창의력을 돕는 온라인 사이트

교사는 수업을 할 때 교과서 하나만 활용하지 않습니다. 학습지도 사용하고, 수업에 따라 다양한 교구를 사용하기도 하고, 앱이나 사이트를 활용하는 경우도 많습니다. 가정에서 학부모들도 온라인 학습을 할 때 각종 온라인 사이트를 활용해 아이들의 학습을 도와준다면 더욱 효과적일 겁니다. 학부모들이 참고할 만한 내용을 담은 사이트들을 소개해 보도록 하겠습니다.

### 기초학력

• **꾸꾸(www.basics.re.kr)**

'꾸꾸'는 교육부에서 만든 기초학력 향상 지원 사이트입니다. 교사들이 학습 부진 학생들을 지도할 때 사용할 수 있도록 자료를 모아둔 곳입니다. 교사 이외에 누구라도 사용할 수 있습니다. 별도의 회원 가입 절차 없이 스마트폰과 아이핀으로 본인 인증을 하면 사용할 수 있습니다. 기초학력 향상 지원 사이트이므로 콘텐츠의 내용은 1, 2학년 중심입니다. 학습 부진을 겪는 3, 4학년에게 필요한 기초·기본·연산 훈련자료들도 있으므로 자녀에게 적합한 과정을 활용하면 좋습니다.

### • 초등 받아쓰기 앱

1, 2학년은 받아쓰기를 통해 글씨 쓰는 법도 익히고, 맞춤법이나 띄어쓰기도 배울 수 있습니다. 간혹 3학년 중에도 받아쓰기가 필요한 아이들이 있어요. 안드로이드용 구글 플레이 앱스토어에 가면 초등 받아쓰기와 관련된 앱들이 정말 많이 등록돼 있습니다. 가정에서 학부모가일일이 불러주지 않아도 앱에서 불러주는 대로 아이가 스마트폰이나공책에 받아쓰기를 할 수 있도록 구성돼 있습니다. 받아쓰기의 기본 취지를 생각하면 스마트폰보다 공책에 직접 쓰는 것이 훨씬 도움될 겁니다. 받아쓰기 내용은 학년별, 교과서 단원별로 구분돼 있으니 다양하게활용할 수 있습니다.

### • 일일수학(https://www.11math.com)

선생님들은 다른 과목은 몰라도 아이들이 수학만은 포기하지 않게하려고 많이 애를 씁니다. 수학은 다른 과목과 달리 단계별로 구성돼 있어 한 단계가 부족하면 다음 단계로 나가기가 너무 어렵기 때문이죠. 연산을 잘하려면 수학의 기본을 잘 다져야 합니다. '일일수학'은 바로 수학의 기본을 익히는 데 활용할 수 있는 사이트입니다. 많은 학부모가 잘 활용하고 있어 추천을 하지만, 일일이 출력을 해야 하는 수고를 감수해야 합니다. 저처럼 게으른 분들은 차라리 문제집 한 권 딱 사서 꼭 끝을 보고 만다는 심정으로 가르치는 것이 좋아요. 그러지 않고 하나하나 꼼꼼히 확인하면서 가르칠 수 있다면 일일수학 같은 사이트를 활용하면 좋습니다.

### • 미국 수학 사이트

우리나라에서 수학을 가르치고 배우기도 바쁜데 미국 수학까지 배워야 한다고요? 그건 아닙니다. 우리나라 수학 교육 과정은 수준이 높아 배우기 어려운 편입니다. 반면 미국 수학은 상대적으로 쉬운 난이도로 직관적으로 배울 수 있게 구성돼 있습니다. 크롬으로 접속해서 한국어 번역을 누르면 큰 어려움 없이도 활용할 수 있어요. 플래시로 만들어진 사이트에서는 해석이 안 되지만, 수학은 문자와 기호를 이용한 직관적인 학문 분야이므로 몇 번의 클릭으로 방법을 터득할 수 있을 것입니다.

---

학년별 수학 활동  https://www.internet4classrooms.com/skills_1st.htm

게임으로 곱셈 마스터하기  https://www.multiplication.com

과학과 수학, 윔피키드와 같은 책 원서 제공  https://www.funbrain.com

사칙연산 수학 게임  https://www.coolmath4kids.com

단계별 수학 개념 퀴즈  https://www.aaastudy.com

---

## • 칸 아카데미(https://ko.khanacademy.org)

인도계 미국인 살만 칸Salman Khan이 만든 무료 교육 사이트 칸 아카데미는 몇 년 전에 거꾸로 수업, 플립 러닝 등으로 소개되면서 우리나라에 알려졌습니다. 칸 아카데미는 살만 칸이 자신의 조카에게 수학을 가르쳐주기 위해 만든 동영상을 유튜브에 올린 데서 출발했습니다. 그의 영상이 호응을 얻자 비영리 단체인 칸 아카데미를 창립한 것이죠. 지금은 빌 게이츠의 후원과 구글의 기술을 가미해 전 세계 사람들이 사용할 수 있는 교육 사이트로 거듭났습니다.

한국어판 칸 아카데미는 부모의 이메일 계정을 통해 가입이 가능하며 무료입니다. 현재 수학과 컴퓨팅 과정을 제공하고 있습니다. 단, 수업 영상에 나오는 영어 설명을 자막으로 봐야 합니다. 칸 아카데미의 영상에만 의존하면서 학습하는 것보다 온라인 학습을 한 뒤 보충 설명을 들으면서 수업 확인 문제를 풀어보는 보조 도구로서 활용하면 좋습니다.

## • 칸 아카데미 키즈

칸 아카데미 키즈는 학령기 전 학생들이 사용할 수 있는 앱입니다. 우리나라에서는 영어 학습에 많이 활용되고 있습니다. 학령기 전으로 추천하는 것은 미국 아이들의 연령을 기준으로 삼고 있기 때문입니다. 7세 연령의 학습을 선택해도 아이의 영어 수준에 따라 어렵게 느껴질 수도 있으니 학습 연령을 잘 선택해주세요.

칸 아카데미 키즈는 모바일 환경에서 사용할 수 있습니다. 칸 아카데미와 마찬가지로 무료로 사용할 수 있고요. 하지만 무료로 사용하기 미안해질 만큼 자료의 양이 많고 퀄리티도 좋습니다. 파닉스부터 영어 동화 듣기, 단어 학습 하기 등을 이용할 수 있고, 반복해서 들으면 듣기 학습에도 상당한 도움을 받을 수 있습니다.

## 창의 체험

### • 함께놀자(https://sites.google.com/view/playstart)

'함께놀자'는 경기도교육청에서 만든 사이트입니다. 학습에만 초점이 맞춰져 있는 일반 학습 플랫폼과 달리 놀이활동과 병행돼 있죠. 저·중·고학년에 따라 놀이 활동이 나뉘어 있고 가족 놀이, 혼자 하는 놀이 등 놀이 상대에 따라 다양한 놀이가 제시돼 있습니다. 특히 실과 실습과도 병행될 수 있는 집밥 만들기에 대한 영상도 등록돼 있습니다. 고학년 학생들에게 실습할 수 있는 기회를 준다면 학생들이 숨은 요리 실력도 발휘할 수 있으리라 생각합니다.

### • 국립중앙박물관(https://www.museum.go.kr)

국립중앙박물관은 직접 방문하는 것이 더 좋은 곳입니다. 만약 직접 갈 수 없다면 가정에서 전시관을 둘러볼 수도 있습니다. 온라인 전시관에 접속하면 VR 방식으로 직접 전시관에 간 것처럼 작품을 감상할 수 있죠. 어린이 박물관도 따로 마련돼 있어서 역사 공부를 시작하는 5, 6학년 학생들에게 유용한 내용들을 제공합니다. 문화체육관광부 (https://www.culture.go.kr/home/index.do)에서 학습에 필요한 내용들만 정리해놓은 사이트도 있으니 활용해보세요.

### • 구글 아트 앤 컬처(https://artsandculture.google.com)

구글에서도 교육 기관에서 활용할 수 있는 다양한 플랫폼을 마련해두고 있습니다. 교사인 저도 플랫폼들을 많이 활용하는데 아트 앤 컬처는 더욱 특별했습니다. 세계 다른 나라의 미술관과 박물관을 실제 방문해 관람하는 것 같은 실감형 콘텐츠뿐만 아니라 화가의 다양한 작품들을 한꺼번에 감상할 수 있는 콘텐츠도 있어서 미술 감상 수업에 많은 도움을 받을 수 있어요.

#### 꿀팁 하나! 유튜브 광고 없애는 법

온라인 수업을 하다 보면 유튜브 영상을 자주 보게 됩니다. 선생님들이 학습 영상을 전부 만들 수 없는 노릇이죠. 필요에 따라 유튜브에 올라온 영상들을 링크로 걸어 학생들에게 공유하기도 합니다. 이때 광고들이 많이 올라와 불편함을 호소하는 경우가 많아요.

제가 유튜브 광고를 없애는 방법을 알려드릴게요. 크롬으로 접속해서 주소창에 'native adblocker'라고 쳐보세요. 한국 웹의 광고를 막을 수 있는 확장 프로그램이 나올 겁니다. 그 프로그램을 크롬에 추가하면 끝입니다. 아주 간단하죠? 모바일 기기에서도 앱 설치(애드블록)만 하면 광고가 차단됩니다.

## 공감각 학습이 가능한 증강현실 앱

AR은 증강현실*Argumented Reality*, VR은 가상현실*Virtual Reality*을 말합니다. 둘은 비슷한 개념이라 조금 헷갈리기도 해요. 쉽게 말해 AR은 실제 환경과 가상의 합성으로, VR의 한 종류라고 생각하면 됩니다. 몇 년 전 유행했던 포켓몬고 게임을 떠올리면 쉽게 이해될 겁니다. 게임 앱을 열고 실제 거리 위에 스마트폰을 비춰볼 때 포켓몬이 있는 것처럼 보이게 만드는 기술이 AR 기술입니다. 아마존에서는 물건을 사기 전 사용자의 생활 공간에 제품을 배치해볼 수 있는 서비스를 제공하고 있어요.

AR 시장은 점점 확대되고 있습니다. 교육 환경에서도 AR 기술을 많이 활용하고 있습니다. 교육 분야에서 AR을 경험하려면 스마트폰 같은 정보화 기기와 정보가 입력돼 있는 마커가 필요합니다. 마커는 아래에 알려드리는 사이트에서 다운로드 받을 수 있어요. 마커를 출력해서 봐도 되고, 컴퓨터에서 마커 화면을 띄우고 해당 AR앱으로 인식시켜도 AR을 볼 수 있어요.

### • 사이언스 레벨업(https://sciencelevelup.kofac.re.kr)

실기와 관련된 수업과 실험이 필요한 과학 과목은 온라인 수업에서 취약할 수밖에 없습니다. 사이언스 레벨업에서는 AR 마커들을 무료로 제공하고 있습니다. 다운로드 후 출력하면 동물 관찰, 빛 실험, 식물 관찰, 인체의 기관과 그 기능, 4차 산업혁명 시대 유망 직종 등을 AR로 학습할 수 있어요. 마커는 흑백이어도 괜찮고 A4용지에 출력해도 괜찮습니다. AR을 실행할 때는 서커스 AR 앱으로 실행해야 합니다. 사이언스 레벨업에서는 AR 자료뿐만 아니라 VR 자료도 제공하고 있습니다. 과학 개념과 원리를 담은 영상도 볼 수 있고 과학 퀴즈도 풀어볼 수 있습니다.

### • 퀴버(https://quivervision.com)

퀴버는 AR을 이용한 교육용 컬러링 앱입니다. 홈페이지에서 마커 도안을 다운로드 받을 수 있습니다. 무료 도안이 많이 있지만 유료 도안도 있습니다. 도안을 출력한 후 색칠을 하고 스마트폰에서 퀴버 앱으로 도안을 비추면 AR 환경이 나타나면서 AR을 통한 학습을 할 수 있습니다. 예를 들어 세계 지도 도안을 출력하고 색칠한 뒤 퀴버 앱으로 도안을 비추면 지구본 모양이 나타나면서 자전하는 모습도 보여줍니다. 자전의 방향은 물론 대륙의 모양과 대양의 모습을 입체적으로 확인해볼 수 있습니다.

### • 서커스 AR(http://www.edunet.net/nedu/main/mainForm.do)

서커스 AR은 다른 AR 앱과 달리 마커를 한 번 비추기만 하면 스마트폰 화면에서 마커의 정보를 계속 읽을 수 있습니다. 스마트폰으로 마커를 계속 비출 필요가 없죠. 서커스 AR은 일반 기업이긴 하지만 에듀넷에 교육용 마커를 무료로 제공하고 있습니다. 에듀넷에 접속해서 서커스 AR이라고 검색하면 심장, 교통 수단, 선사 시대 유물에 대한 AR 마

커를 다운로드 받을 수 있습니다. 다운로드 후 모바일 기기(스마트폰, 태블릿 PC)에서 서커스 AR을 실행시켜 마커를 비추면 증강현실이 실행되는 것을 확인할 수 있습니다.

에듀넷 디지털 교과서 메뉴 화면

서커스 AR은 디지털 교과서에 있는 실감형 콘텐츠도 실행시킬 수 있어요. 실감형 콘텐츠 마커가 필요하므로 에듀넷에서 제공하는 디지털 교과서의 실감형 콘텐츠 메뉴에 들어가서 마커를 다운로드 받고 출력하세요. 그런 다음 모바일 기기에서 서커스 AR을 실행시킨 후 마커를 비추면 해당 자료가 증강현실로 나타납니다.

## 참여형 학습이 가능한 가상현실 앱

VR은 실제와 유사하지만 실제가 아닌 환경을 만들어 보여주는 기술입니다. 3D 안경을 끼고 보는 4D Rider 같은 것을 떠올리면 됩니다. 실제가 아닌 가상 환경을 통해 시뮬레이션을 해볼 수 있다는 장점이 있죠. 실제로 가볼 수 없는 곳을 실제로 체험하는 것 같은 경험을 제공해줍니다. 스마트폰을 카드보드에 끼우고 VR 앱을 실행하면 누구나 VR을 체험해볼 수 있어요. 몇 년 전 스티븐 스필버그 감독이 만든 영화 〈레디 플레이어 원〉도 VR 환경을 주제로 삼았을 정도로 VR 시장은 점점 확대되고 있어요.

### • 와그작 VR

교육에 유용한 VR 앱은 사이언스 레벨업에서 제공해주고 있으니 AR과 함께 활용해보길 바랍니다. 카드보드는 아이들도 쉽게 만들 수 있을 정도로 간단합니다. 비싼 카드보드를 살 필요 없이 크래프트 재료

카드보드

태양계로 떠나는 여행 VR 화면 자료

를 구입해 만들면 됩니다. 크래프트는 온라인 쇼핑몰에서 쉽게 구입할
수 있습니다.

그런데 제가 사용해본 결과 장시간 사용은 어렵습니다. 3D 안경을
끼고 영화를 본 적이 있다면 알겠지만, 장시간 사용하면 어지럼증도 생
길 수 있어요. 또 카드보드를 이용해 스마트폰을 눈 가까이 대고 있으면
시력에도 지장을 줄 수 있습니다. 그럼에도 불구하고 이 방법을 소개하
는 이유는 국립중앙박물관이나 구글 아트 앤 컬처의 미술관 관람을 모

아마존의 AR view

VR 환경

두 VR 환경으로 경험할 수 있기 때문입니다. 그 덕분에 우리는 아이들과 함께 VR 환경을 통해 실제로 가보지 않은 곳도 실제처럼 경험할 수 있어요.

또 'cardboard' 카메라 앱을 이용하면 아이들이 직접 VR 영상으로

제작할 수 있습니다. 4학년 1학기 사회 과목에서 소개하는 우리 지역 문화재나 공공기관을 견학하면서 VR 영상을 제작할 수 있죠. 내가 가본 곳을 소개하고 특히 다른 사람들이 가보지 못한 곳을 VR 영상으로 볼 수 있게 해주는 크리에이터가 되는 경험도 할 수 있습니다.

# 진짜 공부는
# 누군가를 가르치는 것이다

▶II ──────────●────────────

## 메타 인지를 활용한 혼자 학습법

세인트루이스워싱턴대학의 인지심리학자 헨리 뢰디거Henry Roediger 교수가 한 가지 실험을 했습니다. 우선 한 고등학교의 학생들을 '공부 – 공부' 팀과 '공부 – 시험' 팀으로 나누고 각 팀에게 북태평양에 서식하는 해달에 대한 내용을 7분 동안 외우게 했습니다. '공부 – 공부' 팀에게는 7분 동안 한 번 더 외울 시간을 주었고, '공부 – 시험' 팀에게는 외운 것을 7분 동안 떠올려 적는 서술형 시험을 보게 했습니다. 5분 후바로 시험을 봤는데 '공부 – 공부' 팀은 61점, '공부 – 시험' 팀은 55점을 받았습니다.

본격적인 실험은 그 다음부터였습니다. 일주일 뒤 두 팀에게 사전 연락 없이 지난 번에 외웠던 것을 기억나는 대로 쓰도록 하고서 재시험을 본 것입니다. 그러자 '공부 – 공부' 팀은 45점, '공부 – 시험' 팀은 53점을 기록했습니다. 두 팀 모두 복습 과정이 없었기 때문에 기억이 망각

곡선의 형태를 띠었습니다. 하지만 '공부 – 시험' 팀은 상대적으로 망각 현상이 적게 일어났죠. 그들에게선 단기 기억에서 장기 기억으로 넘어간 결과를 확인할 수 있었습니다. KBS 시사기획 〈창〉에서도 우리 나라 학생들을 대상으로 같은 실험을 실시했고 같은 결과를 얻었습니다.

이 실험을 통해 효과적인 학습법이 무엇인지 알 수 있습니다. 기억을 더 잘하고 내용을 잘 이해하려면 잊어버리기 전에 복습하는 것이 좋습니다. 그리고 같은 내용을 반복해서 공부하기보다 시험을 보듯이 기억에서 꺼내어 적어보게 하는 것입니다.

이것은 자신의 생각에 대해 판단하는 능력인 메타 인지 학습, 즉 불편한 학습과 이어지는 맥락입니다. 불편한 학습이라는 개념은 학습할 때 아이 스스로 불편한 상황을 만드는 것을 의미합니다. 스스로 만들 수 있는 불편한 상황의 대표적인 경우는 첫 번째, 시험 보는 상황(아주 불편한 상황이죠)이고 두 번째, 기억을 꺼내 설명하는 상황이죠. 우선 시험 보는 상황은 제한 시간 안에 답을 찾는 과정을 스스로 해보는 것입니다.

시험 시간을 떠올려보세요. 시험 시간이라는 제한된 조건이 있고 아무도 답을 가르쳐주지 않는 상황에서 아이 혼자 어떻게든 답을 찾아야 하는 힘들고 불편한 상황입니다. 평소 이런 상황에 대한 훈련이 돼 있다면 시험 상황에 놓여도 긴장을 덜하고 시험을 잘 치를 수 있습니다. 이렇게 시험을 치르는 상황을 미리 연습하면 자신의 기억을 떠올려 배운 내용을 적거나 말로 표현할 때 메타 인지가 작동하게 됩니다. '내가 아는 것과 모르는 것이 있구나'라고 말이에요.

앞서 소개한 헨리 뢰디거 교수는 기억을 떠올리는 데 실패해도 좋다고 말합니다. 기억이 나지 않는 것을 다시 찾아보겠다는 올바른 피드백만 있다면 기억을 다시 찾아보게 되고 기억이 훨씬 오래 남게 되기 때문입니다. 이 방법은 과학적으로 증명됐기 때문에 의심의 여지 없이 제 아들에게 적용해봤습니다. 제 아들이 다니는 영어 학원에서는 매일 영단어 시험을 봤습니다. 일정 기간이 지나면 누적된 단어 중 10퍼센트를 골라 다시 시험을 봐야 했죠. 하루는 아들이 500개나 되는 단어 중 40개가 시험에 나온다면서 공부할 양은 많은데 시간이 부족해 엄두가 나지 않는다고 하더군요. 그래서 아이한테 이 방법을 알려줬죠.

"단어장을 보면서 다시 외우는 식으로 공부할 필요가 없단다. 네가 그 전에 한 번 공부했으니까. 그러니 지금 500개의 단어를 다시 보면서 외우는 것보다 단어 뜻만 보이게 책을 접고 그 옆에 영단어를 써봐. 한 번만 쓰면 된단다. 그러고 나서 틀린 것만 다시 봐. 이렇게 하면 공부 시간은 훨씬 단축되지만 점수는 더 올라갈 거야. 내가 장담할게. 이건 과학적으로 이미 증명된 방법이니 믿고 이렇게 해보렴."

아이는 학원에 가기 전까지 불안해했어요. 통과하지 못하면 학원에 남아서 외워야 한다면서 말이에요. 제가 알려준 방법대로 공부하고서 학원의 시험을 본 그날, 아이는 학원에 남았을까요? 결과는 충분히 짐작하시겠죠? 아이는 평소 단어 시험에서 87점 정도를 맞는 수준이었습니다. 그런데 그날은 98점을 받았더군요. 이제 메타 인지 학습의 효과를 믿을 수 있겠죠?

## 엄마와 아이의 역할 바꾸기 학습법

공부법과 학습법에 대해 연구한 분들에 따르면, 서울대 입학생이 있는 집에는 꼭 이것이 있다고 합니다. 이미 예상한 분들도 있겠죠? 바로 칠판입니다. 칠판을 앞에 두고 아이가 선생님이 돼 자신이 배운 내용을 직접 누군가에게 가르쳐보게 하세요. 매일 할 필요도 없어요. 너무 자주 하면 아이가 오히려 스트레스 받습니다. 일주일 혹은 이주일마다, 아니면 시험을 앞두고 아이가 선생님 역할, 엄마가 학생 역할을 해보세요. 아이가 배운 내용을 가르쳐줄 때는 외워서 해도 되고, 책을 보면서 해도 상관없어요. 자기가 아는 만큼 가르쳐주면 됩니다. 엄마는 아이가 학습한 내용을 잘 이해하고 있는지 확인하면 됩니다. 그러면 아이가 스스로 학습도 하고 자신이 알고 있는 것을 확인도 하는 일석이조의 효과를 기대할 수 있습니다.

이 방법은 이미 널리 공개된 방법입니다. 제 아이가 어릴 때 어느 집이나 할 것 없이 화이트보드를 많이 샀었죠. 벽면을 가득 채우는 보드를 사서 벽에 붙이기도 하고 바퀴가 달린 화이트보드를 사기도 했죠. 그런데 이게 말이 쉽지, 실제로 해보면 결코 쉽지가 않거든요. 다른 사람을 가르친다는 것 자체가 영 불편합니다. 그런데 심지어 엄마를 가르친다고요? 이 방법을 알려주면 어떤 아이라도 우선 안 하려고 듭니다. 그만큼 저항감이 엄청난 학습법이에요. 게다가 아이가 엄마를 가르치다 보면 아이 스스로 어떻게 표현해야 할지 몰라 한계를 느끼기도 합니다. 이처럼 굉장한 스트레스를 받는 상황이 오기 때문에 몇 번 시도하다가 흐

지부지되는 경우가 많아요.

하지만 첫술에 절대 배부를 수 없다는 것을 아이도 알아야 하고 학부모도 알아야 해요. 실패할 수 있고 실수할 수 있다는 것을 인정하고, 실수에서 배움을 얻을 수 있다는 것을 아이에게 알려줘야 합니다. 평범한 아이를 영재로 길러낸 칼 비테는 실수를 통해 배우는 과정에서 아이들이 독립심을 배운다고 말했습니다. 그리고 지식을 올바르게 전하려면 간단 명료하게 설명할 수 있어야 한다고도 말했습니다.

많은 이들이 4차 산업혁명 시대에 꼭 필요한 미래 핵심 역량 중 하나로 의사소통 능력을 꼽습니다. 상대방을 설득할 수 있고 상대방에게 필요한 것을 알아차리고 상황에 맞게 말할 수 있는 능력이 바로 의사소통 능력입니다. 자신이 배운 내용을 다른 사람 앞에서 가르치는 학습이야말로 의사소통 능력은 물론 학습력을 키울 수 있는 최고의 방법이라고 생각해요. 성인들도 고민 때문에 머리가 지끈거릴 때 친구나 마음속 이야기를 편히 털어놓을 수 있는 상대에게 가서 자신의 상황과 생각을 이야기하다 보면 생각이 서서히 정리되는 것을 경험하곤 하죠. 그것과 똑같은 원리예요. 자신의 생각과 느낌을 말로 꺼내다 보면 내용을 이해하고 논리적으로 표현하는 능력을 자연스럽게 키울 수 있어요.

요즘 아이들이 가장 선망하는 직업이 유튜브 크리에이터라고 하죠. 크리에이터들을 보면 영상에서 너무나 자연스럽게 말하지 않던가요? 그들이 그렇게 말할 수 있는 능력은 하루아침에 생긴 것이 아니에요. 카메라만 보면서 혼자 이야기를 한다는 게 그리 쉽지 않은 일이거든요. 만약 아이가 엄마를 가르치기 힘들어한다면 스마트폰 화면을 앞에 두고 연습해보는 것도 추천합니다.

많은 초등학생이 "선생님, 제가 이해는 되는데요. 설명하기가 어려워요."라고 말합니다. 그런데 그 말은 100퍼센트 다 이해하지 못했다는 말과 같습니다. 어떤 상황이나 개념에 대해 적절한 단어를 사용하지 못한다는 의미는 그 개념에 대한 명확한 이해가 없는 것이기 때문이죠. 어휘량, 인지능력, 사고력은 서로 밀접한 상관관계에 있습니다. 어떤 단어를 사용할 줄 모른다면 그 단어에 대한 이해도, 단어와 관련된 개념도 형성돼 있지 않다는 뜻입니다.

인지심리학에서는 이렇게 말합니다. "이 세상에는 두 가지 지식이 있다. 하나는 내가 알고 있다는 느낌만 있을 뿐 설명할 수 없는 지식이다. 또 다른 하나는 내가 알고 있다는 느낌뿐만 아니라 실제로 설명할 수 있는 지식이다. 두 번째 지식만이 진짜 지식이며 내가 써먹을 수 있는 지식이다."

이제 아이가 차근차근 학습해나갈 수 있도록 격려해주고 아이가 노력한 것에 대해서는 충분히 칭찬해주고 인정해주세요. 아이들은 더디게 자라는 것 같지만 어느 순간 쑥~! 자란답니다.

아이의 공부 태도로 나눠보는
4인 4색 학습법

▶❚❚ ──────────────●──────────────

지금까지 온택트 학습력에 대해서 살펴봤습니다. 제가 정리한 방법이 마음에 들었나요? 혹시 아이에게 한번 시도해봐야겠다는 생각이 드나요? 아이를 키우는 학부모라면 잘 알겠지만, 아이가 "엄마, 그걸 왜 이제 가르쳐줬어요? 지금이라도 가르쳐주셔서 고맙습니다." 하면서 의도대로 쉽게 따라와줄 거라는 건 정말 큰 착각입니다. 지금까지 해온 방식이 아닌 새로운 방식으로 무언가를 한다는 것은 아이나 어른이나 굉장히 불편한 일입니다. 서울대에 입학한 학생들의 비법이든지, 권위 있는 박사님이 연구한 학습법이든지, 절대 불변의 진리이든지 간에요. 오히려 자기는 그렇게 살지 않을 건데 왜 자꾸 자기한테 이래라저래라 하냐며 저항감만 키울 수 있어요.

이것만 꼭 기억해두세요. 내 아이는 전 세계 70억 명 중에 유일무이한 존재라는 것입니다. 그리고 학습에는 원칙만 있을 뿐 방법은 여러 가지이고, 우리 아이에게 맞는 방법을 찾아야 한다는 것입니다. 저는 초등교사 생활을 하면서 지금까지 많은 아이들을 만나봤습니다. 1년에 25명에서 30명 정도를 만나게 되는데 그 아이들의 스타일도 제각각 달라요. 그러니 제가 활용했던 방법들이 모든 아이들에게 호응을 얻거나 적용됐던 것도 아닙니다. 각 가정에서 학부모들은 자신의 아이에게 맞는 방법을 찾는다는 원칙 안에서 적절한 방법을 찾아야 합니다.

아이들을 어떤 기준에 맞춰 나누기란 정말 어려운 일입니다. 그래도 대략적인 유형을 나눠 보면 내 아이가 어떤 상태인지, 또 어떤 방법들을 제시해야 할지에 대한 객관적인 체계를 찾을 수 있습니다.

일단 학습은 배우고자 하는 의지가 있을 때에 비로소 일어납니다. 바로 학습 동기가 있을 때 학습이 일어나게 되고 학습 방법에 따라 성취도가 달라지겠죠? 이것을 그래프로 한번 나타내봤어요.

|  | 성취도 ↑ |  |
|---|---|---|
| 게공이 |  | 똑공이 |
|  |  | 학습 동기 ↑ |
| 볼공이 |  | 어공이 |

미국의 심리학자 조셉 루프트 Joseph Luft와 해리 잉햄 Harry Ingham이 제시한 조해리의 창 Johari Window 이론을 나타내는 그래프를 모티프로 하여

초등 온택트 공부법

제가 만들어본 것입니다. 하나씩 살펴보도록 하죠.

먼저 똑공이입니다. 똑이라는 단어에서 벌써 느낌이 오죠? 똑똑하게 공부하는 아이라는 뜻입니다. 똑공이들은 학습 동기도 높고 성취도도 높습니다. 자신에게 적합한 학습 방법을 찾아 그것을 꾸준히 실천하고 또 자신의 방법을 계속 점검하면서 고쳐나가고 보완해나가는 아이입니다. 이런 아이가 하늘에서 뚝 떨어진 것은 아니겠죠. 또 모든 아이들이 똑공이처럼 간섭하지 않아도 척척 해내면 얼마나 좋을까요. 하지만 단언컨대 그런 일은 절대 없습니다.

영재 교육으로 유명한 칼 비테는 끊임없이 아들에게 가르침을 주고 또 주었습니다. 말의 가르침도 있지만 행동의 가르침도 있었습니다. 그리고 칼 비테가 고수했던 원칙들이 있었습니다. 바로 네 가지 습관 키우기입니다. 에너지를 집중하는 습관, 빨리하는 습관, 최선을 다하는 습관, 포기하지 않는 습관입니다. 이런 습관대로 하기만 하면 정말 똑공이가 될 것 같지 않나요? 하지만 이런 아이로 키우기까지 부모가 일일이 잔소리하는 것이 아니라 기다려주고, 삶의 방식으로 보여주고, 끊임없이 가르쳐주기를 반복했다는 것이 칼 비테가 말하는 교육의 핵심입니다. 똑공이 만들기가 정말 쉽지 않죠?

제가 만나본 수많은 똑공이들에게는 간단한 원칙이라도 아이에게 맞는지 꼼꼼히 확인하고 꾸준히 지원해주며 학습을 지속하도록 도와준 부모가 곁에 있었습니다. 그보다 원래 머리가 좋은 아이였을 거라고요? 물론 틀린 말은 아닙니다. 학습에 있어 유전과 환경의 요소는 분명

둘 다 작용하니까요. 하지만 여우의 신포도처럼 자신의 상황이나 태도를 합리화하기 위해 그런 논리를 가져다 쓰는 것은 비겁한 행동이 아닐까요?

두 번째는 게공이입니다. 게공이는 게으르게 공부하는 아이라는 뜻입니다. 학습 동기는 낮지만 성취도는 높습니다. 학습 성취도가 높은데도 게으르다고 이름을 붙인 것은 좀 역설적이죠? 게으르다고 이름을 붙인 이유는 학습을 하는 과정에서 일방적으로 끌려가는 아이이기 때문입니다. 학습 동기가 낮기 때문에 기본적으로 공부를 하기 싫어합니다. 다만, 부모님에게 이끌려 선행 학습도 하고 체험 학습도 하면서 쌓인 지식 덕분에 학업 성적이 올라간 경우입니다.

이렇게 유형을 정리하다가 저는 제 아이들도 게공이라는 것을 알게됐습니다. 그리고 학교에도 게공이들이 많이 있다는 것을 알게 됐죠. 사실 우리 주변에 게공이들이 참 많이 있습니다. 아마도 가장 많은 유형이 아닐까 싶어요. 게공이들은 "이렇게 해볼까?"라고 했을 때 "귀찮아, 하기 싫어." "굳이 왜?"라는 말을 제일 많이 한다는 특징이 있습니다. 그리고 "걍" 같은 말도 많이 합니다. 생각하기 귀찮게 왜 자꾸 묻냐는 의미죠. 학교에서도 별다르지 않아요. 제가 좀 더 발전된 수준을 요구하면 엄청나게 귀찮아하죠. 심지어 어떤 아이는 화를 내거나 짜증을 내기도 합니다.

물론 게공이들에게 학습 동기가 아예 없는 것은 아닙니다. 학습 동기에는 외재적 동기(보상, 칭찬, 자기조절 등)와 내재적 동기(흥미, 관심 등)가 있습니다. 게공이들은 외재적 동기가 강한 편입니다. 외재적 동기가 내재적 동기로도 연결되면 참 좋을 텐데 그러질 못해요. 외재적 동기와 내재적 동기 중 성취도가 지속적으로 올라갈 수 있는 동기는 사실 내재적 동기거든요.

하지만 외재적 동기도 필요합니다. 외재적 동기는 내재적 동기의 문을 열어주는 손잡이가 되기도 해요. 결국 두 동기의 조화가 중요하고 내재적 동기가 강화되도록 아이들을 이끌어줘야 합니다. 땀샘 최진수 선생은 공책 한 권에 공부를 왜 하는지에 대한 답을 적도록 아이들에게 1년 동안 시킨다고 합니다. 동기 부여는 한 번에 이루어지지 않습니다. 꾸준히 동기 부여에 관한 영화를 보고, 감상문을 적어보고, 이야기를 듣고 자신의 느낌이나 다짐을 적어보면 많은 도움이 된다고 생각합니다.

세 번째는 어공이입니다. 어공이는 어리석게 공부하는 아이라는 뜻입니다. 학습 동기는 높은데 성취도는 낮아요. 학습 방법이나 학습량이 부족한 경우입니다.

제가 바로 어공이였어요. 저는 성실한 학생이었습니다. 시험 공부도 당연히 열심히 했지요. 그저 풀지 못하는 문제가 나오면 답지를 보고 답만 고쳐 적는 데 급급했던 게 문제였습니다. 그러니 성적이 잘 나올 리가 없었죠. 하지만 마음을 고쳐 먹고 연습장을 사서 풀지 못하고 넘어간 문제를 다시 풀기로 했습니다. 그러면서 제가 놓친 것을 알게 됐어요. 제가 풀 수 있으면 넘어가고 풀지 못하면 답안지를 보고 다시 풀어보는 것을 계속 반복했습니다. 공부 방법이 바뀌니 당연히 결과도 달라졌습니다. 지금도 공부하려는 의지는 강한데 성취도가 낮은 학생들을 교실에서 보곤 합니다. 잘못된 공부 방법을 고수하고 있거나 특별한 방법 없이 막무가내로 공부하는 경우가 대부분이에요. 그런 아이들은 공부 방법만 잘 가르쳐주면 곧잘 달라지는 것을 확인할 수 있습니다.

마지막으로 불공이입니다. '아닐 불(不)' 자를 쓰며 공부를 안 하는 아이라는 뜻이에요. 학습 동기도 낮고 성취도도 낮은 경우여서 공부를 시키기 제일 어려운 유형입니다. 어디서부터 어떻게 손을 대야 할지 막막한 경우도 많습니다. 공부하기 싫어서 공부를 안 하게 되고, 그러니 성취도가 낮아지고, 흥미도 떨어져서 공부하기가 더 싫어지는 악순환의 반복을 겪는 아이들이 대부분이죠.

이런 경우에는 학습 동기부터 시작해야 할까요, 학습법부터 시작해야 할까요? 당연히 학습 동기부터 시작해야 합니다. 말을 물가로 억지로 끌고 올 수는 있지만 강제로 물을 먹일 수는 없으니까요. 아이가 학습 동기를 가지지 못하는 이유에 대해 진지하게 이야기를 나누면서 풀어나가야 합니다. 공부가 어려워 그런 것인지, 아니면 학습 장애가 있어서 그런 것인지, 혹시 반항심 때문에 그런 것인지 확인해야 합니다. 아이들은 누구나 마음속에 공부를 잘하고 싶은 마음이 있습니다. 다만 항상 재미있기만을 바랍니다. 재미있으면 하는데 재미없으면 안 하겠다는 식이죠.

공부가 항상 재미있을 수는 없습니다. 힘들고 어려운 고비가 늘 있기 마련이죠. 그래서 공부가 재미있으니까 한다는 것은 반은 맞고 반은 틀린 말입니다. 공부는 내게 중요한 것을 알려주니까 하는 것입니다. 학부모들도 공부를 하지 않겠다는 아이와 실랑이를 자꾸 벌이기 싫다고 그냥 내버려두면 안 됩니다. 부모가 아이를 한없이 놀게 놔둔다고 해서 어느 날 갑자기 아이가 노는 데 지친 나머지 스스로 공부하겠다고 하지 않습니다. 절대로요. 그런데 주변에서 "나는 공부하라는 말을 한 번도 한 적이 없는데 아이가 알아서 공부를 하더라." 하는 분들이 있죠? 그분들은 공부하라는 말만 안 했을 뿐 어떤 형태로든 옆에서 계속 동기 부여를 한 것입니다.

제가 아는 수석 선생님 한 분도 아이에게 공부하라는 말을 한 번도 안 하고도 아이를 아주 잘 키우셨습니다. 그 집 아이들도 "저희 엄마는 공부하라는 잔소리를 하신 적이 없어요."라고 말하더군요. 그런데 자세히 들어보니 그 선생님은 퇴근 후 집에 오면 텔레비전 대신 늘 책을 읽고 글을 쓰셨다고 합니다. 방학에는 종종 아이들을 데리고 단기 영어 캠프나 체험 학습을 떠나기도 하셨더군요. 아이들은 그런 경험에서 자극을 받아 스스로 찾아서 공부하는 아이들로 자란 것입니다.

어제보다 하나라도, 조금이라도 나아진 모습이 보일 때 잔소리 대신 그 부분을 칭찬해주세요. 그래야 아이들도 서서히 조금씩 향상됩니다.

이제 우리 아이가 혹은 학부모 자신의 유형이 어떤 유형인지 조금 파악이 됐나요? 이제부터는 학년별로 어떻게 학습력을 키울지 그리고 학습력의 바탕이 될 인성은 어떻게 키워줄지 살펴보도록 하겠습니다.

4장

# 초등 6년,
·····································································
# 혼자 공부 습관으로 마스터하라
·····································································

입학을 앞둔 자녀에게
꼭 필요한 혼자 공부 습관

▶‖ ━━━━━━━━━━━━━━━●━━━━━━━━

입학 전 단계의 유아들에게도 온택트 학습력이 필요할까요? 네, 필요합니다. 사회적 거리두기 단계가 격상되면서 유치원생들을 위한 온라인 학습 플랫폼이 구축되고 온라인 학습을 진행할 수 있기 때문입니다. 단, 초등학생과 동일한 수준을 요구할 수는 없겠죠. 과연 유치원생들에게는 온택트 학습력 중 어떤 부분을 챙겨줘야 할까요?

　입학 전 단계에서 가장 첫 번째로 갖춰야 할 것은 학습력 이전에 적응력입니다. 앞서 온택트 환경 적응력은 정보화 기기에 대한 절제력과 온라인 관계 맺기에서 시작한다고 했었죠. 또 일상에서의 절제력을 가지려면 온라인이 아닌 오프라인에서 관계 맺기를 잘해야 한다고 말씀드렸습니다. 그렇다면 구체적으로 입학 전 단계에서 어떻게 절제력을 갖추고 관계 맺기를 잘할 수 있게 하는지 알아보겠습니다.

## 아이의 절제력은 부모가 기준이 된다

좋은나무 성품학교의 이영숙 박사는 '내가 하고 싶은 대로 하지 않고 꼭 해야 할 일을 하는 것'을 절제라고 정의했습니다. 절제를 나타내는 참 좋은 말이라고 생각합니다. 어른도 누구나 절제하기 힘들 수 있어요. 감정의 절제든 행동의 절제든 어려운 것은 마찬가지입니다. 자칫 자신이 하고 싶은 대로 내버려두면 절제가 되지 않아 일을 그르치게 되는 경우가 많죠. 어린아이 때부터 절제를 배우지 않으면 인내하는 것도 배우기 힘들 겁니다.

행복과 성공이 절제와 인내와 관련이 있다는 것을 보여준 마시멜로 실험이 떠오르는 대목입니다. 미국 스탠퍼드대학에서 4세 어린이 653명을 대상으로 실시한 만족지연 실험의 내용을 담고 있는 『마시멜로 이야기』는 자기 절제가 얼마나 중요한지를 널리 알려줬습니다. 실험 내용은 교실에 있는 아이들에게 마시멜로를 하나씩 주고 15분간 먹지 않으면 하나를 더 준다고 약속한 것이었어요. 하지만 실험 대상인 아이들 중 3분의 2는 15분을 참지 못하고 마시멜로를 먹어 치웠습니다. 나머지 3분의 1은 마시멜로를 먹지 않고 참아 약속대로 하나씩 더 선물로 받았답니다.

연구진은 15년 뒤에 653명의 아이들을 다시 만나 조사했습니다. 마시멜로를 먹지 않은 아이들은 눈앞의 유혹을 참지 못한 아이들보다 가정이나 학교에서 훨씬 우수한 면을 보여줬고, 대학입학시험[SAT]에서도 또래들에 비해 뛰어났다고 합니다. 추적 연구를 진행한 결과 유혹을 이기지 못한 아이들은 비만, 약물 중독, 사회 부적응 등의 문제를 가진 어른으로 성장했고, 절제력을 보여준 아이들은 성공적인 중년 생활을 하고 있었다고 합니다. 아이들이 절제를 배우게 된다면 스스로를 더 잘 돌볼 수 있도록 조절해나가면서 행복과 성공을 성취할 수 있게 된다는 것을 잘 보여주는 결과입니다.

유아들에게 절제력을 가르치는 구체적인 방법은 무엇일까요? 아이들에게 절제가 무엇인지 알려주고 절제력을 사용해야 할 상황을 이야기해주세요. 저희 아이는 어렸을 적에 저와 많이 다퉜습니다. 주로 잠을 자지 않고 계속 놀려고 한다거나 텔레비전을 보기로 한 시간보다 더 보려 하는 문제였습니다. 당시 초보 엄마였던 저도 한참 잘 놀고 있는 아이를 타이르는 데 서툴러서 실랑이를 많이 벌였어요.

어떤 활동을 한창 지속하던 중에 절제력을 발휘하기란 굉장히 어렵습니다. 그만큼 집중하고 있는 상태이기 때문이죠. 어른도 힘든데 아이들은 오죽하겠어요? 이럴 때를 대비해 사전에 절제가 무엇인지 설명해주고 절제력을 언제 써야 할지 말해두셔야 해요. 예를 들어 계속 놀기를 원하는 아이에게 그만 놀고 자야 한다는 사실을 알려야 한다면 "이제 긴 바늘이 10자에 올 때까지만 놀고 자야 해. 더 놀고 싶지만 내일 생활을 위해서 자야 하거든."이라고 미리 말해둬야 절제 연습이 됩니다.

물론 이렇게 말했을 때 처음부터 아이가 잘 들으면 더없이 좋겠죠. "네!" 하고 말했다가도 막상 놀기를 멈춰야 할 시간이 오면 떼를 쓰거나 여러 가지 방법으로 상황을 피하려고 할 겁니다. 그럴 때는 한 번 정도 시간을 연장해주세요. 단, 연장된 시간은 처음 시간의 반이나 3분의 1로 줄여야 합니다. 또 다음번에는 타협이 없다는 것도 알려줘야 합니다. 처음에는 아이가 어려워할 수 있습니다. 하지만 학부모부터 단호하게 원칙을 지키는 모습을 보여준다면 아이도 절제력을 잘 키워나갈 수 있으리라 생각합니다. 아이가 원칙을 잘 지켰을 때는 반드시 칭찬을 해주세요. 자신이 절제를 잘 배우고 행동하고 있다는 것을 인정해주면 좋은 행동이 강화될 수 있을 거예요.

## 스마트폰 사용 절대 법칙

놀이미디어센터의 권장희 소장은 『우리 아이 게임 절제력』에서 나쁜 습관을 없애는 가장 좋은 방법은 좋은 습관을 갖추는 것이라고 했습니다. 좋은 습관을 갖추려면 부모님의 도움이 반드시 필요합니다. 특히 아이에게 스마트폰을 쥐어주는 시기는 늦으면 늦을수록 좋습니다. 스마트폰을 사용할 때에도 반드시 정해진 원칙을 꼭 지키는 습관을 들이는 것이 좋습니다. 스마트폰뿐만 아니라 컴퓨터나 태블릿 PC를 사용할 때 절제력을 키우려면 방이 아닌 거실에서 사용하도록 설치하는 것도 정말 중요합니다. 더 나아가 정보화 기기를 통제할 수 있는 사람은 아이가 아니라 부모라고 부드럽지만 단호하게 말해두세요.

한양대학교 구리병원 소아청소년과 문진화 교수 연구팀은 3~5세 아동을 대상으로 스마트 기기 사용과 발달과의 관계를 분석하는 연구를 진행한 바 있습니다. 그 결과 나이가 어릴수록 스마트 기기의 절대적인 사용 시간을 줄여야 언어 발달에 도움이 된다는 것이 증명됐습니다. 즉, 학부모가 정보화 기기 사용에 대한 명확한 기준을 세우고 아이가 잘 사용할 수 있도록 도와줘야 한다는 뜻입니다.

미디어 절제력도 학부모와 아이가 사전에 정한 약속을 지킬 수 있도록 도와줘야 합니다. 아이가 유아기 때는 아직 경험이 부족하고 절제력이 부족한 상태이므로 아이의 의견보다 부모가 가이드라인을 확실하게 잡아주는 것이 좋아요. 간혹 초등학교 입학 선물로 스마트폰을 사주는 부모들이 종종 있어요. 맞벌이를 하는 바람에 아이와 연락을 하기 위한 수단으로 필요하겠지만, 스마트폰은 사용자가 책임을 져야 할 대상이므로 절대 선물로서는 적합하지 않다고 로버트 프레스먼 박사도 강조합니다.

## 미디어 리터러시 교육이 곧 공부 습관을 좌우한다

1인 미디어가 활발해지면서 유아 유튜버도 많이 등장하고 있습니다. 아이들의 장래희망이 크리에이터인 것을 보면 정말 미디어가 아이들에게 미치는 영향력은 대단한 것 같아요. 그럴수록 미디어 교육은 중요해집니다. 오늘날은 영상 시대이기 때문에 영상을 아예 차단한다는 것은 너무나 어려운 일이에요. 따라서 아이들이 미디어를 단순히 소비만 하는 것이 아니라 미디어를 창조해낼 수 있도록 어렸을 때부터 미디어 리터러시media literacy 교육은 꼭 필요합니다.

앞서 말한 것처럼 지금은 콘텐츠를 소비함과 동시에 생산해내는 시대입니다. 학교 교육도 시대의 흐름을 따라가고 있습니다. 선생님들도 유튜브 채널을 개설하고 여러 가지 교육 영상들을 제작해 올리고 있습니다. 그래서 수많은 유튜브 영상 중 어떤 영상을 볼 것인지를 선별하는 능력은 매우 중요합니다. 자신에게 적합한 영상들을 선별하는 능력을 기르는 것이 미디어 리터러시 교육입니다. 더 나아가 미디어 리터러시 교육은 디지털 리터러시로 확장됩니다.

디지털 교육은 디지털 환경에서의 정보·기술·윤리 등 모든 기능과 태도를 해석하고 활용하는 능력을 말합니다. 여기에는 디지털 환경에서 갖춰야 할 기본예절부터 영상을 해석하는 능력, 즉 그 영상이 유익하고 내가 봐도 되는 영상인지 아닌지 해석할 수 있는 능력과 그 해석을 바탕으로 올바른 영상을 선택할 수 있는 능력을 포함합니다.

구체적으로 어떻게 미디어 리터러시 교육을 할 수 있을까요? 먼저 아이가 어릴수록 영상을 제한적으로 보여줘야 합니다. 아이들은 아무리 가정에서 교육하고 제한해도 어린이집이나 유치원에서 다른 아이들이 보는 채널에 관심을 가질 수 있습니다. 만약 관심이 생기고 나면 집에 와서 반드시 그 이야기를 꺼내게 됩니다. 이때 아이가 이야기를 한다는 것은 아이에게 유의미하다는 증거입니다.

만약 학부모가 아이들의 이야기를 들어보고 유익하지 않은 채널이라고 판단되면 아이와 함께 왜 그 채널을 보고 싶은지, 그 채널이 좋은 영향을 줄 수 있는지에 대해 이야기를 나눠보세요. 아이들은 웃기기 때문에, 재밌기 때문에 보고 싶다고 단순하게 생각해요. 하지만 웃기거나 재미있다고 좋은 채널인지는 생각해봐야 합니다. 유튜브 영상은 사람들의 호기심을 충족시켜 수익을 창출하기 위해 점점 자극적인 영상들을 만들게 되는 구조이기 때문입니다. 아이들이 그런 유튜브 환경의 생리를 파악할 수 있도록 도와줘야 합니다.

그렇다면 학부모부터 좋은 영상과 나쁜 영상을 구별할 수 있는 기준을 미리 세워둬야 합니다. 과연 어떤 기준을 세워야 할까요? 제가 한 가지 기준을 추천할게요. 나를 선한 방향으로 발전시켜주는지를 기준으로 판단하는 겁니다. 단순한 재미와 호기심을 충족시키는 자극적인 영상에 사용되는 어휘들은 마찬가지로 자극적이거나 단순하고 수준이 낮은 경우가 많아요. 아이들이 그런 영상에 많이 노출되면 나쁜 말들을 쉽게 배우게 되겠죠. 아이가 사용하는 어휘들은 노출되는 환경에 영향을 많이 받거든요. 그래서 어떤 영상을 보느냐가 중요합니다. 저는 아이들이 그런 영상들을 보고 자극받지 않도록 해야 한다는 기준을 세웠습니다.

두 번째로 댓글 달기에도 기준을 세워야 합니다. 요즘은 스마트폰으로 전화보다는 문자를 보내고 이모티콘을 보내는 시대입니다. 그래서인지 수업 시간에 아이들이 사용하는 문장이나 단어들을 보면 굉장히 단순해진 것을 체감합니다. 심지어 올바르지 않은 언어 문화까지 생겼어요. 문법이나 어휘를 파괴하고 있다는 자성적 판단을 키우기에 앞서 남들이 하니까 나도 한다는 식으로 언어를 사용하는 습관을 분명히 고쳐야 합니다. 그래서 온라인 학습이 시작됐을 때 많은 선생님이 모두 학생들에게 온라인 예절을 가르치는 것부터 시작했습니다. 초상권, 저작권에 대해 설명하고 또 올바른 댓글 달기에 대해서도 가르칩니다. 온라인 환경에서도 실제 생활처럼 예절을 지켜야 한다는 것을 가정에서도 아이들에게 미리 알려줘야 합니다. 그런 예절들을 지키지 않았을 때 슬프고 속상한 일이 생긴다는 것도 알려주세요.

미디어 교육, 디지털 교육에 관해 도움이 될 만한 유익한 사이트를 하나 알려드릴게요. 시청자미디어재단https://kcmf.or.kr에서 미디어 리터러시 자료들을 볼 수 있고, 또 유튜브 채널에서 어린이들을 대상으로 미디어 리터러시 교육 영상들을 제공하고 있으니 학부모부터 영상을 보고 도움을 얻길 바랍니다.

혼자 공부의 기본을 키우는
초등 저학년

▶❚❚

초등학교 저학년은 학부모나 교사의 손이 반드시 필요한 단계이지만, 매우 높은 수준만 요구하지 않는다면 초등학교 저학년 수준에서도 충분히 온택트 학습력을 키워줄 수 있습니다. 초등학교 저학년 단계에서 갖췄으면 하면 온택트 학습력은 다음과 같습니다.

Object    초등학교 저학년 때에는 무엇이든지 스스로 할 수 있는 힘을 길러주세요

Note    바르게 글씨 쓰기와 일기 쓰기로 기초를 다져주세요

Table&Textbook    교과에 대한 바른 이해 중요!

Action    예체능 활동과 독서는 꾸준히!

Contents    온라인 독서와 저학년 수학 공부를 도와줄 사이트를 활용하세요

Test&Teaching    스스로 문제를 내고 채점하게 하세요(받아쓰기, 수학익힘책)

## Object  칭찬보다 격려가 책임감을 길러준다

초등학교 저학년은 학습력이 완성된 단계가 아니라 학습력을 키우기 시작하는 단계입니다. 학습력의 기반을 다져나가야 하는 때임을 잊지 마세요. 그리고 스스로 할 수 있는 힘을 기를 수 있도록 책임감부터 키워주세요.

이제 막 학교 생활을 시작한 학생들이 학부모 도움 없이 무언가를 스스로 할 수 있다면 이미 대단한 수준에 이른 것입니다. 5분 간격으로 엄마를 불러대던 아이들이 엄마를 부르지 않고 한자리에 앉아 스스로 공부를 하고 과제를 완성한다면 얼마나 놀라운 일인가요.

어떤 아이라도 처음부터 결과물의 완성도에 집착하면 안 됩니다. 아이마다 실력 차이가 있으므로 무엇이든 척척 해내고 완성도까지 높은 아이가 있는 반면, 조금 늦더라도 끈기를 가지고 기다려줘야 하는 아이도 있어요. 하지만 봄에 피어도 꽃이고 여름에 피어도 꽃이고 모두 꽃이라는 사실을 기억하세요. 이때 중요한 것이 격려입니다. 칭찬이 아니라 격려라고 한 이유가 있습니다. 둘 다 비슷한 의미이긴 하지만, 칭찬은 좋은 점이나 착하고 훌륭한 일을 높이 평가하는 것을 말합니다. 그에 비해 격려는 용기나 의욕이 솟아나도록 북돋워주는 것을 말해요.

아이들에게 칭찬만 해준다면 아이가 어떤 일을 하다가 실패하거나 부족한 면이 있을 때 그것을 부끄러워하고 더 나은 모습으로 발전하기 힘들어질 수 있습니다. 칭찬의 언어는 "잘했어~!", "멋져", "대단하다" 같은 말들이에요. 모두 결과를 중심으로 생각하는 말이고, 때로는 과한 표현이기도 합니다. 아이 입장에서도 그리 대단한 일이 아닌데도 학부모가 대단하다고 추켜세우면 그것을 유치하다고 느낍니다. 5세 무렵의 아이들에게나 쓰는 과장된 거짓말 정도로 생각하기 쉽습니다.

저는 학부모들에게 칭찬보다 격려를 더 권합니다. 격려는 반드시 성공하지 않아도 할 수 있는 인사니까요. 실패하거나 실수했을 때는 칭찬을 해줄 수 없지만, 격려를 해줄 수는 있어요. 격려의 말을 들은 아이들은 한 뼘 더 자랄 수 있습니다. 다시 한번 더 도전하고 싶은 용기도 생기죠.

실제로 성취도가 높은 아이들은 스스로 도전하려는 경향이 강하다고 합니다. 성취도가 낮은 아이들은 "어차피 난 못 해." 하면서 한 발 물러서려는 경향이 강하고요. 통계로 살펴보지는 않았지만, 교실에서 아이들의 모습을 살펴보면 쉽게 구분할 수 있습니다.

학습은 서로 분절돼 있지 않고 굉장히 유기적입니다. 공부에 자신감을 가진 아이는 다른 곳에도 자신감을 내비칩니다. 반대의 경우는 어떨까요? 다른 분야에 자신감이 있는 아이들도 공부에 자신감을 가지기 쉬워요. 당장 공부에 자신감이 없더라도 긍정적인 자세로 노력하게 돼 있습니다. 그래서 저는 아이들에게 혼자 무엇을 할지 목표를 정하고 실행하도록 지도합니다. 아이가 혼자서 해볼 수 있는 일을 정하도록 가르치죠. 꼭 학습이 아니어도 괜찮으니 여러분의 아이들에게도 자신감을 찾아주세요.

## Note  사실과 감정을 잘 쓰면 생각도 커진다

글씨를 잘 쓰는 아이가 반드시 학습력이 좋은 것은 아니지만 학습력
이 좋은 학생들 대부분이 글씨를 깔끔하게 씁니다. 글씨 쓰는 것을 힘들
어하지 않고, 흘려 쓰지도 않아요. 글씨체는 상관없습니다. 얼마나 정성
들여 또박또박 썼는지가 중요합니다.

"아닌데요. 저희 집 아이는 흘려 써도 점수는 잘 나오던데요?" 물론
이렇게 반박하는 학부모도 있습니다. 대체로 그런 경우에는 그냥 문제
를 읽고 답을 쓰는 단답형은 잘 풀 수 있을지 몰라도 서술형이나 문제
해결형에서는 약할 수 있어요. 깊게 생각하지 않고 그냥 쓰는 행위만 한
다고 볼 수 있거든요. 대체로 흘려 쓰는 아이들은 쓰는 행위를 귀찮아하
는 경우가 많습니다. 쓰는 행위를 귀찮아한다는 것은 깊이 생각하는 것
도 귀찮아하는 것으로 연결 지을 수 있거든요.

실제로 교실에서 보면 글씨가 바른 아이는 내용도 충실하게 쓰는 편
입니다. 반대로 글씨가 바르지 않은 아이는 내용도 부실한 편이에요. 이
런 부분들을 보면 학습은 정말 유기적이라는 말이 맞아요. 글씨를 꼼꼼
하게 쓰려는 태도와 깊이 생각하려는 자세가 글씨에서도 나타나기 때

문이죠.

아이들에게 연필을 바르게 잡고 글씨 쓰는 것을 반복적으로 알려주세요. 특히 획순에 주의해야 합니다. 글자의 획순에 따라 쓰기만 해도 글씨가 반듯해집니다. 그리고 빨리 쓰지 않아도 된다고 충분히 말해주세요. 그런 말에 전혀 아랑곳하지 않는 초등학교 남학생들이 있다는 것도 잘 알고 있어요. 하지만 어쩔 수 없어요. 꾸준히 지도하는 수밖에요.

글씨를 바르게 쓰려면 우선 연필을 바르게 잡는 것부터 지도해야 합니다. 요즘은 아이들이 너무 일찍부터 연필 잡기를 시작해서 그런지 초등학교 1학년만 돼도 연필 잡는 방법을 고치기가 너무 어려워요. 연필 잡기는 소근육을 발달시켜야 하는 동작입니다. 소근육보다 대근육이 발달하는 어린 시기에 가느다란 연필을 잡는 자세가 고착되면 쉽게 바꿀 수 없으니 바른 손 자세를 연습시켜주세요.

간단하게 글씨 쓰는 원칙을 알려드릴게요. 우선 연필을 엄지손가락 마디 안쪽으로 너무 깊숙이 넣지 말고 모음은 길게, 자음은 반듯이 쓰는 게 원칙입니다. 그리고 "세모(△)와 네모(□) 안에!" 원칙을 꼭 일러주세요. 받침 없는 글자는 세모 안에, 받침 있는 글자는 네모 안에 들어가도록 써야 합니다. 그리고 칸이 나뉜 공책도 좋지만 칸 안에 작은 점선으로 다시 작은 칸이 나뉜 공책을 사서 각 글자의 중심을 잡도록 연습시키는 것이 좋습니다.

글씨 쓰기를 꾸준히 시킬 수 있는 가장 좋은 방법은 바로 일기 쓰기입니다. 일기를 쓰면서 표현력도 키우고 글씨 쓰기도 잡을 수 있어요.

단, 학부모의 에너지가 많이 들어간다는 것을 염두에 두세요. 아이들의 글씨 쓰기와 일기 쓰기는 하루아침에 좋아지지 않아요. 정말 하나부터 열까지 자세하게 알려줘야 합니다.

아이들이 일기를 쓸 때 가장 많이 하는 말이 뭘까요? 바로 "뭐 쓰지?"입니다. 그 말을 하는 것은 아이 입장에서 별로 특별한 일이 없어서 쓸 수 없다는 거예요. 아이들에게 특별한 일이란 대부분 외식한 것, 어딘가로 놀러 간 것, 영화 보러 간 것처럼 특별한 이벤트를 의미해요. 심지어 어떤 아이는 1년 내내 어딘가로 뭘 먹으러 갔다는 내용만 쓰기도 합니다.

일주일에 두 번 정도 일기를 쓰게 하면 보통 아이들은 주말에 있었던 일을 써옵니다. 그러면 정말 이렇게 외식을 많이 하나 싶을 정도로 하루는 삼겹살, 다음 날은 자장면, 그 다음 주는 닭갈비, 그 다음 주는 파스타를 먹었다고 써오기도 해요. 이렇게 일기가 특별한 일이 있을 때만 쓰는 것이라고 생각하면 일상에서 특별한 의미를 찾지 못하고 그저 어른들이 시키는 대로 살아가는 아이가 돼버릴지도 모릅니다.

글쓰기는 국어 교육에서 가장 상위 단계에 해당하는 작업입니다. 분명 쉬운 일은 아닙니다. 알고 있어야 하는 단어도 많고, 글을 어떻게 구성하는지도 알아야 합니다. 머릿속에 떠오르는 것이 있어도 막상 글로 쓰려니 무슨 말부터 시작해야 할지 모르는 상황을 누구나 겪어봤을 겁니다. 그리고 그 모든 것이 학부모의 숙제라고 생각하면 당연히 머리가 아플 수밖에 없겠죠. 누구 하나 대신해줄 수도 없는 상황이 눈앞에 펼쳐

초등 온택트 공부법

지면 화가 나기도 할 겁니다. 그렇지만 누구도 아이의 숙제를 대신해줄 수는 없는 일입니다. 학교에서는 교사가 가르쳐주고 집에서는 학부모가 연습을 시키면서 아이가 스스로 계속 글을 쓰고 연습할 수 있도록 도와줘야 합니다.

| 시기 | 단원 | 해당 차시 |
|------|------|-----------|
| 1학년 1학기 | 9. 그림일기를 써요 | 1~10차시 |
| 1학년 2학기 | 9. 겪은 일을 글로 써요 | 1~10차시 |
| 2학년 1학기 | 10. 다른 사람을 생각해요 | 7~8차시 |
| 2학년 2학기 | 2. 인상 깊었던 일을 써요 | 1~10차시 |

국어 교과서에서 일기 쓰기와 관련된 단원과 차시는 위와 같습니다. 아이가 학급에서 담임선생님으로부터 글쓰기에 대한 코칭을 개별적으로 받는 시간이 대략 얼마나 된다고 생각하세요? 1차시당 40분 수업을 기준으로 잡으면 교사의 설명은 보통 15분 정도로 진행됩니다. 나머지 25분 동안 교사가 아이들을 한 번씩만 봐준다고 해도 25명의 학급일 경우 한 아이당 1분 정도의 시간밖에 쓰지 못합니다. 그러면 10차시가 됐어도 한 아이에게 교사가 글쓰기 코칭을 해줄 수 있는 시간은 10분입니다. 2년이라는 시간 동안 1학년 1학기에 10분, 2학기에 10분, 2학년 1학기에 2분, 2학기에 10분을 코칭받으므로 불과 32분이라는 결론이

나옵니다. 교사들도 턱없이 부족하다는 것을 알기에 일기 쓰기를 과제로 내주어 아이들의 글쓰기 실력을 키우려고 하는 것이고요.

만약 아이들과 일기 쓰기를 시작하려고 한다면 처음부터 분량에 집착하지 말고 세 줄 쓰기부터 시작하세요. 또 반드시 같이 대화하면서 쓰기 시작하세요. 세 줄 쓰기는 세 문장 쓰기를 의미합니다. 만약 아이가 세 문장도 쓰기 힘들어하면 최소한 두 줄 쓰기부터 시작하세요. 반드시 두 줄 쓰기를 지켜야 하는 이유가 있습니다. '사실+감정'을 나타내야 하기 때문이죠. 어떤 일이 있었는지 쓰는 것이 사실, 그때의 기분을 나타내는 것이 감정입니다.

아이들은 감정에 대한 단어, 즉 감정을 나타내는 말을 잘 모르기 때문에 감정 표현에 서투릅니다. 일기 쓰기를 할 때 기분과 감정을 나타내는 단어 카드도 함께 준비해보세요. 감정 카드를 구매하지 않더라도 감정 카드라고 인터넷에 검색하면 여러 가지 이미지들을 찾을 수 있으니 그것을 활용하면 됩니다. 아이들의 감성을 자극할 수 있도록 그림도 예쁘게 그려져 있는 카드 형태를 준비하면 더 좋습니다. 그리고 감정 카드 중에서 그날의 기분을 나타내는 카드를 아이가 골라서 일기에 쓸 때 활용하도록 도와주세요.

여자아이들과 달리 남자아이들은 대체로 글씨 쓰는 것 자체를 정말 싫어합니다. 그럴 때는 일기처럼 자신의 생각을 나타내는 일이 곧 작가들이 하는 일과 다르지 않다고 추켜세워주세요. 아이들 중에는 작가 같은 사람은 되지 않을 거라고 끝까지 버티는 아이들도 있습니다. 초반에는 누구나 일기를 쓰기 어려워합니다. 아이들이 일기 쓰기를 습관으로 삼을 때까지 어르고 달래면서 도와주세요. 아이가 좋아하는 캐릭터가 그려진 연필을 사줘도 되고, 일기를 쓰고 나면 스티커를 붙여주면서 칭찬을 해줘도 됩니다. 어떤 동기가 됐든 일기를 꾸준히 쓸 수 있는 방법들을 동원해보세요.

**Table&Textbook 통합교과 마스터로 학습 지속력까지 쌓는다**

초등학교 1, 2학년 교과서를 살펴보면 국어(가, 나), 국어활동, 수학, 수학익힘책, 통합교과(봄, 여름, 가을, 겨울), 안전한 생활로 이루어져 있습니다. 국어, 국어활동, 수학, 수학익힘책, 통합교과는 교과목으로 분류되지만, 안전한 생활은 교과목은 아니며 창의적 체험활동으로 분류됩니다.

국어와 국어활동, 수학과 수학익힘책은 각각 짝꿍책입니다. 짝꿍책은 두 권이 한 세트로 이뤄져 있습니다. 국어활동과 수학익힘책은 각 교과목의 보조자료로 쓰이는 책입니다. 국어와 수학은 정규 교과 시간에 모두 다뤄지지만 국어활동과 수학익힘책은 해당 교과 시간에 다룰 수도 있고 숙제로 다룰 수도 있어요. 특히 수학익힘책의 제일 뒷장에는 문제집처럼 답지가 포함돼 있어서 아이 스스로 풀고 점수를 매겨볼 수 있습니다. 국어활동의 제일 뒷장에는 바르게 글씨 쓰기 코너가 있어서 아이에게 글씨 쓰기 연습을 시킬 수도 있습니다. 온라인 학습을 해야 하는

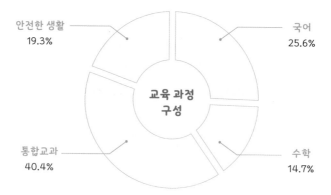

안전한 생활
19.3%

국어
25.6%

교육 과정
구성

통합교과
40.4%

수학
14.7%

상황에서는 학교에서 이 부분까지 다루기 어려울 수 있으니 집에서 잘 활용하면 좋습니다.

가정에서 제일 다루기 힘든 교과목이 통합교과예요. 도덕, 음악, 미술, 체육이 한 교과서 안에 모두 담겨 있기 때문이죠. 국어와 수학과 비교했을 때 중요성도 떨어져 보이고, 가정에서 가르치기도 힘들어서 온라인 학습에서 굳이 해야 하는지 궁금하기도 할 겁니다.

하지만 전체 교육 과정의 비율을 보면 통합교과가 차지하는 비중이 상당히 크다는 것을 알 수 있습니다. 국어의 경우 보통 9단원에서 10단원으로 이루어져 있고 일주일에 5시간 정도를 배워야 하는 만큼 비중이 높은 편이죠. 전체 이수 시간에서 25.6퍼센트 정도를 차지합니다. 수학은 교육 과정이 개정되면서 학습 부담을 줄이는 차원에서 6단원 정도로 이뤄져 있고 학습 내용도 줄어 전체 이수 시간에서 14.7퍼센트 정도입니다. 반면 온라인 학습에서 가장 힘들어하는 통합교과의 경우는 40.4퍼센트를 차지합니다. 보통 하루에 2시간씩 꼭 배우도록 돼 있어서 한 주로 치면 10시간 정도 됩니다. 나머지 20퍼센트 정도가 안전한 생활을 배우도록 짜여 있습니다.

온라인 학습 기간을 정식 학습 기간으로 인정받으려면 모든 교과들의 이수 시간을 채워야 합니다. 따라서 온라인 학습 때도 통합교과를 빼먹으면 안 됩니다. 문제는 가정에서 아이가 통합교과를 학습할 때 국어나 수학보다 힘들어할 수 있다는 것입니다. 정답이 명확하게 보이는 과목이 아니기 때문이죠. 대체로 오리고 자르고 붙이고 노래하고 움직이고 활동하는 교과이다 보니 혼자서 소화하기에는 상당한 어려움이 있습니다. 학부모가 맞벌이라면 돌봄교실에 가서 해결할 수도 있지만 돌봄교실에 들어가지 못한 아이의 경우는 혼자 해결하는 데 어려움이 있을 수밖에 없어요. 학교에서도 아이들이 만들기를 하고 나면 뒷정리까지 하는 데 기본 2시간은 족히 걸리거든요. 더구나 손쉽게 과제를 끝내지 못하고 도와달라며 도움을 호소하는 아이들도 상당히 많습니다. 그런 과제를 집에서 해야 하니 학부모나 아이 모두 힘든 것이 당연합니다.

그런데 초등학생이 되기 전에는 아이가 밀가루 놀이 같은 것들을 집에서 마음껏 할 수 있지 않았나요? 신문지 놀이도 하지 않았었나요? 그런 놀이들보다는 통합교과에서 다루는 과제들이 조금 나을 거예요. 1, 2학년이라는 시기는 아직 구체적 조작기에 해당합니다. 이 시기에는 국어, 수학, 영어에 아이들을 많이 노출시키기보다 전인적인 발달과 기초 기본 교육에 충실한 편이 훨씬 좋다는 것을 기억해두세요.

아이가 잘하든 못하든 통합교과의 과제들을 직접 해보도록 학부모들은 한 걸음 뒤로 물러나 있는 것이 좋습니다. 게다가 숙제를 학부모가 도와줬는지는 한눈에 티가 납니다. 과제를 받은 아이 스스로 해낸 결과물이라야 의미가 있습니다. 선생님들도 학부모의 도움이 50퍼센트 이상 들어간 과제는 눈여겨보지 않는다는 것을 기억하세요.

아이들은 과제를 해결하는 과정에서 실패도 해보고 다시 시도하는 과정에서 인내심을 기를 수 있습니다. 특히 아이들은 힘든 과제는 대충 해놓고 빨리 끝내버리려는 욕구가 무척 강합니다. 아직 어리기 때문에 절제력이나 목표 중심적 사고력이 부족하기 때문입니다. 그때 학부모는 "그래, 이만하면 됐다." 하고 넘어가지 말고 "이 부분을 고치면 더 완성도가 높겠는데?" 하고 격려해주면 좋습니다.

만약 "그래, 이만하면 됐다." 하고 그친다면 아이의 인내심과 과제에 대한 집착력도 떨어지기 마련입니다. 당연히 앞으로의 과제 완성도도 떨어지겠지요. "이 부분을 고치면 더 완성도가 높겠는데?" 하고 격려를 해준다면 당장은 아이가 싫어할 수 있습니다. 짜증을 내고 한숨을 쉬며 도와달라고 뒤로 넘어갈 수 있지만 그때 부모가 도와줄 수 있는 선을 명확히 그어주고 나머지는 아이 스스로 해야 한다는 사실을 알려주면 조금씩 아이의 끈기도 생겨날 겁니다.

**신체 근육과 독서력으로 키우는 생각 근육**

요즘 아이들을 보면 집 안에서 손가락 운동만 열심히 하죠. "나이키의 최대의 적은 아디다스가 아니라 닌텐도." 지금의 아이들을 가장 잘 설명해주는 말인 듯합니다. 그만큼 몸은 움직이지 않으면서 손가락만 움직이려고 하는 시대입니다. 저학년 때는 시간적 여유가 많은 편이어서 예체능 학원을 많이 다니는 것이 좋습니다. 미술, 음악, 체육 중 하나 이상 배우면 학습에도 전이가 일어날 수 있어요.

네덜란드 라드바우대 연구팀은 운동과 기억의 상관관계에 관한 연구 결과를 〈커런트 바이올로지〉에 발표했습니다. 연구진은 참가자들에게 40분간 '90가지 그림 위치 기억하기'를 실시한 뒤 35분간 즉시 운동한 그룹, 4시간 뒤 운동한 그룹, 운동하지 않은 그룹으로 나누고서 이틀 뒤 그룹별로 참가자들이 그림의 위치를 얼마나 기억하고 있는지 테스트했다고 합니다.

그 결과 학습 4시간 후에 운동을 한 참가자들이 다른 두 그룹보다 더 많은 것을 기억하고 있었다고 해요. EBS 다큐프라임 〈학교체육, 미래를 만나다〉에서도 아침 운동 후 집중력이나 지구력이 더 좋아진 모습들을 볼 수 있었습니다. 운동과 뇌 활성화의 상관관계를 알아보는 실험에서도 15분 동안 운동을 한 경우와 같은 시간 공부를 한 경우의 결과를 확인해보니 전자의 뇌 혈류량이 높아졌음을 볼 수 있었습니다. 즉, 운동을 통해 학습에 좋은 영향을 미치게 된다고 볼 수 있습니다.

아이가 태권도나 수영을 좋아한다면 꾸준히 지속할 수 있도록 도와주세요. 분명 아이의 일상생활은 물론 학습 면에서도 좋은 효과가 있을 거라고 판단됩니다. 음악과 미술의 경우 소근육을 활용하는 활동이므로 아이의 인지 발달에도 분명히 좋은 영향을 줄 수 있습니다.

초등학교 저학년 시기에 꾸준한 공부 습관을 기르기 위해 독서만큼 좋은 것은 없습니다. 책도 꾸준히 읽고, 독서록도 꾸준히 쓰도록 옆에서 지도해주세요. 물론 독서하기 싫어하는 자녀들이 있을 수 있습니다. 심지어 엄마나 아빠에게 책을 읽어달라고 할 뿐 스스로는 읽지 않으려고도 하죠. 부모가 읽어주지 않아도 아이가 알아서 척척 읽으면 얼마나 좋겠어요?

제가 독서에 숨은 비밀 하나를 알려드리겠습니다. 저학년 때 스스로 책을 읽는 아이는 학부모가 훨씬 더 어린 시절에 이미 상당한 양의 책을 읽어줬기 때문에 스스로 읽을 수 있다고 해요. 이 얘길 학부모에게 하면 얼마나 읽어줘야 하고, 언제까지 읽어줘야 하는지 모두 궁금해합니다. 혹시 아이가 스스로 책을 읽기를 바라는 마음이 책을 읽어주기 귀찮기 때문은 아닌지 생각해보세요. 그리고 이것을 꼭 기억해주세요. 아이가 엄마에게 자꾸 책을 읽어달라고 하는 건 엄마가 책을 읽어주는 동안 느껴지는 체온이 좋기 때문이에요. 엄마의 향기가 좋기 때문이죠. 엄마와 시간을 보내고 싶기 때문이에요. 그래서 아이는 엄마와 함께 읽으며 기분이 좋았던 책들은 수십 번 넘게 다시 읽으면서 기쁨을 반복하려고 해요. 몇 번이라도 계속 아이에게 책을 읽어준다면 아이에게는 정말 행복한 기억이 남을 겁니다.

초등 온택트 공부법

저도 아이들과 함께 정말 책이 마르고 닳도록 읽었습니다. 말놀이 책을 비롯해 첫째 아이와 둘째 아이가 모두 좋아했던 소금 장수 책, ○○ 씨로 유명한 EQ의 천재들 시리즈…. 이런 책들에는 저와 아이들의 소중한 추억이 모두 담겨 있어요. EQ의 천재들 시리즈에는 어떤 그림이 웃겼는지를 떠올리며 깔깔거렸던 기억이 남아 있고, 눈치 없이 행동하는 소금 장수의 모습을 보며 주변 상황을 잘 살피라고 몇 번씩 이야기해 줬던 기억도 있습니다. 제 눈에는 썩 재미없어 보여도 단어 하나에 깔깔 대며 넘어가는 아이들의 모습이 책마다 아련하게 남아 있습니다.

퇴근 후 집에 돌아와 저녁 식사를 마치고 아이들을 씻기고는 침대 맡에서 책을 읽어주는 동안 꾸벅꾸벅 조는 날도 부지기수였습니다. 그런 저를 깨우다 미안했는지 이제 책을 그만 읽어줘도 된다며 책을 살포시 내려놓던 아이의 모습도 떠오릅니다. 지금은 자기들도 많이 컸다면서 더 이상 책을 읽어달라고 하지는 않아요. 대신 이제는 스스로 책을 읽죠. 저희 집 아이들이 책을 폭발적으로 읽는 편은 아니에요. 하지만 꾸준히 읽어나가며 자신의 관심사를 찾아가는 일들을 계속하고 있답니다.

제 경험상 책을 읽어주는 효과는 1, 2, 3학년에게 가장 좋았습니다. 그렇다고 고학년에게 적용되지 않는 것도 아닙니다. 5학년 아이들에게 읽어줬을 때 좋아했던 기억도 있습니다. 학교에서 3학년을 가르칠 때는 사실 책을 읽어준다기보다 이야기를 들려주는 것에 더 가까웠죠. 매일 10분씩 들려주는 이야기가 마치 시리즈처럼 이어지니 아이들은 그 시간만을 간절히 기다리더군요.

이야기를 들려주는 효과를 톡톡히 경험하고서 다른 학교로 자리를 옮겼을 때에는 독서교육 담당자를 맡기도 했습니다. 당시에 독서 특색 사업으로 무엇을 할지 고민하다가 방송으로 책을 읽어주는 아이디어를 내기도 했죠. 당시 저는 책 화면을 스캔해 PPT로 만들고 그 장면을 읽어주는 방송을 구성했었습니다.

책을 고르는 데도 노하우가 필요합니다. 아이들에게 읽어줄 책은 무엇보다 제가 읽어도 재미있는 책이어야 합니다. 단, 아이들에게는 끝까지 읽어주지 않는 것이 중요합니다. 중요한 장면에서 멈춰야 해요. 그리고 책과 관련된 퀴즈를 내는 겁니다. 아이들의 반응이 폭발적이었을까요, 시큰둥했을까요? 제가 이렇게 말씀드리는 것을 보면 반응이 괜찮았다는 것을 짐작할 수 있을 겁니다. 네, 실로 엄청났습니다. 어느 정도 반응이 있을 거라고 예상한 저도 놀랄 만큼요.

저는 2학년에게도 책 읽어주기를 시도해봤습니다. 방법은 언제나 비슷합니다. 제가 읽어봐도 다음 이야기가 계속 궁금해지는 책을 찾아서 먼저 읽고 아이들에게 읽어주다가 항상 클라이맥스에서 끊는 것이죠. 그러면 역시나 아이들은 난리가 납니다. 심지어 도서관에 가서 그 책을 빌리느라 한바탕 소동이 나기도 해요. 하지만 이미 제가 도서관에서 그 책을 모조리 대출을 해버린 뒤여서 아이들은 애간장을 태울 수밖에 없어요. 오직 제가 읽어주기만을 기다릴 수밖에 없는 것이죠.

그런데 제가 아이들에게 책을 다 읽어줬음에도 불구하고 아이들은 도서관에서 책을 또 빌리더군요. 이미 다 읽은 내용인데도 아이들은 책을 왜 빌릴까요? 자신의 눈으로 직접 보겠다는 심리가 작용하기 때문이에요. 심지어 제가 맡았던 반은 그해에 다독상을 두 번이나 받았습니다. 그러자 도서관을 담당하던 후배 교사가 1위 반과 2위 반의 차이가 너무 크다면서 비결을 물었을 정도였어요. 물론 아이들의 반응에 저도 내심 놀라긴 했습니다.

초등학교 저학년만큼 책 읽는 습관을 길러주기 좋은 시기는 없습니다. 학부모 여러분들도 꼭 한번 아이들과 함께 책을 읽어보세요. 이렇게 제 경험을 나누고 나니 다시 제 아이들에게 책을 읽어주고 싶은 생각이 듭니다. 이제 아이들이 읽는 책이 두꺼워져서 가능할까 싶지만 행복한 기억을 쌓아주고 싶다는 마음이 다시 생기네요.

**Contents** **독서와 수학을 위한 온택트 학습 맞춤형 사이트**

코로나19로 인해 도서관이 문을 닫아 책을 빌려 읽을 수 없게 되는 바람에 많은 학부모가 곤란을 겪었을 겁니다. 반드시 도서관에서 책을 빌리지 않아도 온라인에서 활용할 수 있는 사이트와 저학년 수학 공부를 도와주는 사이트를 몇 군데 알려드릴게요. 꼭 한번 활용해보길 바랍니다.

다국어 동화구연(https://storytelling.nlcy.go.kr)

국립 어린이 청소년 도서관에서 제공하는 다국어 동화구연 사이트입니다. 한국어, 영어, 몽골어, 베트남어, 중국어, 태국어, 러시아어, 캄보디아어로 제공되는 창작동화와 전래동화를 볼 수 있습니다. 저학년들이 계속 책을 볼 수 있는 사이트입니다.

### 각 지역의 전자도서관

광역시나 도 단위에서는 전자도서관을 운영하기도 합니다. 예를 들어 거주지가 울산이라면 울산 전자도서관을 검색해서 찾아보세요. 회원 가입을 하고 필요한 서류들을 팩스로 제출하면 전자도서관을 이용할 수 있습니다. 서울특별시교육청 전자도서관은 홈페이지 회원 가입만으로 전자도서관을 이용할 수 있습니다. 물론 서울 시민만 가능하다는 점은 아쉽습니다.

### 온라인 영어도서관(Oxford Owl 영어도서관)

아이가 저학년 때부터 영어를 쓰는 환경에 익숙해지길 원하는 분들이라면 알 만한 사이트입니다. 옥스퍼드대학교 출판부에서 운영하는 무료 온라인 영어 전자도서관입니다. 구글에서 'Oxford Owl' 영어도서관을 검색한 후 회원 가입을 하면 필요한 ORT 영어책을 전자도서로 볼 수 있습니다.

### 똑똑! 수학탐험대(https://www.toctocmath.kr)

교육부와 한국과학창의재단에서 만든 인공지능형 수학 학습사이트입니다. 학생들이 가정에서도 기능성 게임 기법(게이미피케이션gamification)을 통해 수학을 즐겁게 배울 수 있도록 마련돼 있습니다. 흥미를 유발시키는 활동들로 구성돼 있고 수학 게임을 즐기는 동안 학생들은 수학의 개념과 원리를 직관적으로 배울 수 있습니다.

### Test&Teaching  혼자 공부를 돕는 루틴과 보너스를 활용하라

조금 전에 초등학교 저학년 때에는 스스로 할 수 있는 힘을 길러줘야 한다고 말씀드렸어요. 그런데 스스로 할 수 있는 힘을 길러준다고 해서 무조건 "네가 알아서 해!"라는 자세를 취하면 안 됩니다. 아직 혼자 하는 힘이 부족한 시기이므로 옆에서 가이드를 충분히 해줘야 합니다. 초등학교 저학년이 해결해야 하는 숙제는 받아쓰기 연습, 수학익힘책 풀기 정도이고 받아쓰기 연습도 어느 정도 아이 스스로 할 수 있는 수준이니까 학부모의 부담은 크지 않을 겁니다.

무엇보다 루틴만 정해두면 됩니다. 일주일에 이틀 정도는 스스로 하는 것을 연습하는 식으로 루틴을 짜세요. 하루만 연습하게 하면 고학년 시험 벼락치기를 시키는 것이나 마찬가지입니다. 먼저 받아쓰기를 하기 전에 급수표에 있는 문장을 읽는 연습부터 시작해야 합니다. 어떻게 읽는지 알아야 바르게 쓸 수 있어요. 먼저 아이가 급수표의 문장을 크게 두 번 읽게 하세요. 문장을 크게 읽으면 발음을 교정할 수도 있고, 낭독을 함으로써 공부 효과가 세 배나 높아진다는 연구 결과도 있답니다. 다음으로 급수표를 보고 연습 공책에 두 번 따라 쓰게 합니다. 공책을 가로로 놓고 쓰면 긴 문장도 한 줄에 쓸 수 있어요. 이렇게 하루의 루틴을 끝냅니다.

받아쓰기 연습 이틀째에는 먼저 한 문장씩 스스로 읽고 난 후 기억해서 쓰게 해보세요. 한 번 보고 쓰다가 기억이 안 나서 다시 한 번 더 보는 것까지만 인정하고, 세 번째 보는 것은 허용해선 안 됩니다. 이것은『그릿』을 쓴 앤절라 더크워스의 의식적 연습과도 연결됩니다. 실제 시험을 치르는 것 같은 환경을 만들어주면 실제 상황에서도 실력 발휘를 잘할 수 있어요. 그리고 마지막으로 학부모가 급수표에 있는 문장을 1번부터 10번까지 한 문제씩 불러주면 됩니다.

이때 글씨를 정성스럽게 쓰는 정도에 따라 보너스 점수를 주면 글씨 쓰기도 좋아집니다. 받아쓰기를 다 맞았어도 글씨가 엉망이면 보너스 점수를 받을 수 없습니다. 단, 받아쓰기를 하나 틀렸는데 글씨를 바르게 썼으면 보너스 점수를 주는 식입니다. 보너스 점수는 각 가정에서 자유롭게 정하면 됩니다.

이렇게 부모님과 몇 번만 해보면 아이 스스로 채점도 잘할 겁니다. 이때에도 "잘했네, 대단한데."처럼 피상적인 칭찬 말고 "손 아팠을 텐데 끝까지 잘 썼네." "혼자서도 잘해내다니 기특하다."처럼 과정을 격려하는 말을 건네주세요. 아이가 잘했으면 잘한 대로 격려, 못하면 못한 대로 격려를 하면 됩니다.

같은 방식으로 수학익힘책도 아이 혼자 해결할 수 있습니다. 만약 문제를 푸는 방법을 잘 모른다면 처음에는 가이드를 해줘야 합니다. 처음 접하는 문제 유형이라면 아이가 당황할 수도 있으니까요. 문제를 모두 풀고 나면 채점은 스스로 하게 지도해주세요. 수학익힘책 뒤쪽에 있는 정답을 보면서 무엇이 틀렸는지 왜 틀렸는지를 스스로 확인해보는 것이 중요합니다. 틀린 문제는 다시 풀어보고 엄마에게 가르쳐주는 과정도 잊지 마세요. "엄마, 내가 이건 왜 틀렸냐면…" 하고 아이가 엄마에게 알려줘야 합니다. 자신이 어떤 것을 모르는지 아는 것은 메타 인지 학습에서 매우 중요합니다. 모르는 부분만 다시 확인하면 되기 때문이지요.

혼자 공부의 재미를 알아가는
초등 중학년

▶❚❚ ──────────────●──────────

초등 온택트 공부법

초등학교 중학년이면 이제 어느 정도 스스로 할 수 있는 힘을 키운 시기입니다. 특히 초등학교 3, 4학년은 교과목이 많아지고 학습량도 많아져서 1, 2학년 때처럼 공부를 만만하게 봤다가는 큰코다치기 쉽습니다. 『평생성적, 초등 4학년에 결정된다』, 『초등 4학년부터 시작해야 SKY 간다』, 『초등 4학년 공부뇌가 일류대를 결정한다』 같은 책 제목만 봐도 정말 초등학교 중학년 시기가 얼마나 중요한지를 잘 보여줍니다. 요즘은 사춘기 연령도 많이 어려져서 4, 5학년 때쯤 사춘기의 특징을 나타내는 아이들도 많습니다. 공부 습관을 잡아주려는 학부모와 아이들 사이에 실랑이도 많이 벌어지죠. 습관을 잡기에 가장 적절한 시기인 초등학교 중학년 단계에서 갖추면 좋을 온택트 학습력은 다음과 같습니다.

> Object    초등학교 중학년 때 학습 계획표를 짜보는 것도 좋습니다
>
> Note    독서록과 일기 쓰기를 놓치지 마세요
>
> Table&Textbook    늘어난 교과서, 교과별로 다른 공부 방법
>
> Action    소근육 훈련 놓치지 마세요
>
> Contents    공부에 도움이 될 앱
>
> Test&Teaching    선생님 놀이를 시작하세요

## Object   구체적인 계획표가 공부 습관을 키운다

숀 코비의『성공하는 10대들의 7가지 습관』이라는 책을 본 적 있을 겁니다. 7가지 습관 중 두 번째 습관이 바로 "목표를 확립하고 행동하라."입니다. 만리장성은 절대로 하루아침에 완성되지 않았다는 평범한 진리를 기억해야 합니다. 자신이 이루고자 하는 목표는 하루하루 행동이 쌓여서 이루어진다는 사실도 잊지 마세요.

초등학교 저학년 때는 계획을 수립하고 실행하는 데 필요한 책임감과 자율성을 키우는 것이 중심이었다면, 초등학교 중학년 때는 구체적인 학습 플랜을 세우고 실천할 수 있도록 도와줘야 합니다. 어떤 아이도 처음부터 완벽할 수 없으니 학부모 입장에서 일방적으로 계획을 짜지 않도록 주의해야 해요. 아이가 스스로 할 수 있기를 바란다면 반드시 아이와 함께 계획을 짜야 합니다. 계획한 것을 실패하더라도 격려해주세요. 누구나 실패하면서 배우니까요.

| 월 | | 화 | 수 | 목 | 금 |
|---|---|---|---|---|---|
| 수학문제집<br>8~10쪽 | ∨ | 수학문제집<br>11~13쪽 | 수학문제집<br>14~16쪽 | 수학문제집<br>17~19쪽 | 수학문제집<br>20~21쪽 |
| 한글책 독서<br>〈제목〉<br>30쪽 읽기 | ∨ | 한글책 독서<br>〈제목〉<br>30쪽 읽기 | 한글책 독서<br>〈제목〉<br>30쪽 읽기 | 한글책 독서<br>〈제목〉<br>30쪽 읽기 | 한글책 독서<br>〈제목〉<br>30쪽 읽기 |
| 영어책 독서<br>〈제목〉<br>3번 읽기 | | 영어책 독서<br>〈제목〉<br>3번 읽기 | 영어책 독서<br>〈제목〉<br>3번 읽기 | 영어책 독서<br>〈제목〉<br>3번 읽기 | 영어책 독서<br>〈제목〉<br>3번 읽기 |
| | | | | | 독서록 쓰기 |

　계획표의 예시처럼 매일 해야 할 과제가 똑같다면 매일 똑같은 내용을 적어도 되고 특정한 날에 해야 할 과제가 있다면 해당 과제를 써 넣으면 됩니다. 참고로 저는 한글책을 일주일에 한 권 읽고 금요일에 독서록 쓰는 습관을 들이도록 계획을 짜봤습니다. 이런 계획표도 중요하지만 무엇보다 꾸준히 할 수 있는 힘을 키워주는 것이 더 중요합니다. 그리고 아이가 일주일의 계획을 완수했을 때 보상을 하나씩 해주세요. 아이가 지치고 힘들어할 때마다 "넌 잘하고 있어."라면서 꾸준히 격려해주고 다독여주는 것도 반드시 필요합니다.

**생각 정리 연습을 위한 독서록과 일기 쓰기**

## 맞춤형 독서록 쓰기 연습

독서록을 쓰는 것에 대해 찬반 의견이 있지만, 개인적으로 저는 쓰는 게 좋다고 생각해요. 반대하는 입장에서는 독서록 쓰기에 집착하면 정해진 분량을 채우는 데 급급한 나머지 쉽게 질려버리고 자칫 독서까지 피하게 되는 것을 우려합니다. 하지만 이는 독서록을 쓰는 행위 자체보다는 쓰는 방법에 대한 문제점을 지적하고 있는 것입니다. 독서록 쓰는 방법만 개선한다면 충분히 보완할 수 있는 부분들입니다.

아이들에게 처음부터 10줄씩 쓰거나 한 쪽씩 써야 한다고 분량을 정해두면 힘들어할 수밖에 없습니다. 일단 분량을 정하지 말고 꼭 들어가야 할 내용만 정해두세요. 위인전을 읽었다면 누가 어떤 일을 했는지, 본받고 싶은 점은 무엇인지를 적게 하세요. 동화책을 읽었다면 누구에게 무슨 일이 일어났는지, 가장 기억에 남는 장면이 무엇인지를 적게 하세요. 지식백과를 읽었다면 새롭게 알게 된 내용이 무엇인지, 더 궁금한 점이 무엇인지를 적게 하세요. 보통 아이들이 읽는 책의 종류를 생각해 독서록에 써야 할 내용만 달리하고 분량은 자연스럽게 늘려갈 수 있도록 도와줘야 합니다. 글쓰기를 할 내용을 다르게 정해두면 글의 종류에 따라 읽는 방법이 달라져야 한다는 것도 자연스럽게 익힐 수 있습니다.

처음에는 문장의 앞뒤가 맞지 않기도 하고, 내용도 부실할 수 있습니다. 아이가 익숙하게 쓸 수 있도록 여유를 가지고 질문하면서 이끌어주세요. 위인전이라면 누가 어떤 일을 했는지를 적기 위해 위인이 남긴 가장 큰 업적을 찾으면 됩니다. 가장 큰 업적을 잘 찾는 아이도 있지만, 위인이 어렸을 때부터 어른이 될 때까지 한 일을 시간 순서대로 나열하는 아이도 있습니다. 그건 동화책을 읽는 방식으로 위인전을 읽었기 때문이에요. 그럴 땐 "이 사람은 어떤 일을 했기 때문에 위인이 됐을까?"라고 질문을 던져서 가장 큰 업적을 찾을 수 있도록 이끌어주세요. 이런 연습을 통해 책의 핵심을 파악하는 능력을 기를 수 있습니다.

### 실시간 일기 쓰기 연습

일기는 자신의 생각을 가장 쉽게 나타낼 수 있는 글입니다. 독서록 쓰기가 감상보다는 사실적인 내용을 요약, 정리할 수 있는 연습이라면 일기 쓰기는 자신의 느낌과 생각을 표현해보는 연습입니다. 일기 쓰기를 1, 2학년 때 충분히 연습하지 않은 아이들은 3, 4학년이 되면 슬슬 일기 쓰기에 싫증을 내기 시작합니다. 이때 아이가 하고 싶은 대로 내버려두면 5, 6학년 때는 정말 글쓰기 습관을 잡기가 힘들어집니다. 5, 6학년이 된 후에 후회하지 말고 3, 4학년을 마지막 시기라 생각하세요. 아이와 대화하면서 반드시 일기 속 한 문장, 한 문장을 짚어주길 바랍니다.

1, 2학년 때 일기 쓰기를 익힌 아이들이라면 3, 4학년 때에는 말따옴표를 넣어 친구와 같이 나눴던 말과 느낌 등을 적게 해보세요. 단, 저녁에 적는 것이 아니라 어떤 일이 벌어지고 난 다음 최대한 빨리 적어야 합니다. 아이들은 한번 일어난 일을 쉽게 잘 잊어버리기 때문입니다. 저도 3학년 아이들에게 일기 쓰기를 지도할 때 늘 가방 안에 일기장을 넣

어 다니게 했습니다. 교실에서 특별한 일이 일어났다고 생각되면 그 즉시 일기장을 꺼내서 쓰도록 한 것이죠. 그렇게 즉시 일기를 쓰게 되면 그 순간에 오고간 말들을 말따옴표로 쓸 수 있고, 당시의 느낌들을 생생하게 표현할 수 있습니다. 물론 매 순간 즉시 쓰는 것은 사실 거의 불가능합니다. 그 자리에서 쓸 수 없다면 최대한 빨리 쓰면 된다고 알려주세요. 가급적 저녁 식사 시간 전까지 쓰는 것이 좋습니다.

**Table&Textbook  교과별 맞춤형 학습법을 찾아라**

3, 4학년 아이들의 책상에는 국어, 국어활동, 수학, 수학익힘책, 사회, 지역화 교과서, 과학, 실험관찰, 도덕, 음악, 미술, 체육, 영어 교과서가 꽂혀 있을 겁니다. 짝꿍책도 두 개가 더 늘었을 거고요. 사회는 지역화 교과서, 과학은 실험관찰책이 짝궁책이에요. 2학년 때보다 늘어난 교과목들 때문에 아이들은 호기심을 갖기도 하지만 금세 부담을 느끼기도 해요. 그만큼 공부할 양이 많아진 것이기도 하고, 교과목마다 공부법이 달라지기 때문입니다.

국어에서는 문단이라는 개념을 배우게 됩니다. 문단을 배운다는 것은 핵심 문장을 찾아내고 내용 간추리기를 시작한다는 의미예요. 그래서 항상 지문이 나오고 그 다음에 지문의 내용을 이해했는지 확인하는 질문들이 서너 가지가 나옵니다. 대부분 각 문단에서 핵심 문장을 찾아서 질문하는 식입니다. 따라서 글의 핵심 문장과 핵심 내용만 잘 파악해도 글의 내용을 바르게 이해하고 공부할 수 있습니다.

수학에서는 여전히 개념과 원리를 정확하게 파악해야 합니다. 구체물을 조작하면서 개념을 익혀야 하고 자연수의 사칙연산을 능수능란하게 할 수 있도록 연산 훈련도 꾸준히 연습시켜야 합니다. 만약 자연수의 사칙연산을 어려워하면 나중에 소수의 사칙연산도 어려워할 수 있으니 연산 훈련을 꾸준히 시켜주세요. 연산 훈련을 능숙하게 할 수 있는 가장 빠른 길은 연산 문제집이나 연산이 나오는 학습지에 나오는 문제를 매일매일 시간을 체크하면서 푸는 것입니다.

예를 들어 '두 자리 수×두 자리 수' 문제를 15문제씩 매일 푼다면 스톱워치를 이용해서 문제를 다 풀기까지 걸린 시간을 적는 겁니다. 그리고 다음 날에는 전날보다 1분을 줄이는 목표를 잡고 풀면 계산도 능숙해지고 정확도도 높일 수 있습니다.

사회와 과학은 교과서의 차례를 집중적으로 살펴보면서 학습 문제를 중심으로 교과서를 읽어나가야 합니다. 과학은 실험 관찰을 통해 배운 것을 정리하니까 개념 정리를 하기가 쉽습니다. 반면 사회는 공책 정리를 하지 않으니 학습 문제를 꼭 읽고 해답을 찾는다는 생각으로 교과서를 읽도록 도와주세요.

**Action** **혼자 공부에 활용할 수 있는 소근육 훈련**

한국교육과정평가원은 '초·중학교 학습 부진 학생의 성장 과정에 대한 연구' 결과를 통해 학습 부진 초등학생들이 공통적으로 글씨 쓰기와 리코더·단소 연주 등 소근육을 쓰는 활동에 어려움을 느낀다고 밝혔습니다. 이 연구 결과는 현장에서 살펴본 바와 크게 다르지 않습니다. 학습을 어려워하는 학생들은 하나같이 리코더 연주와 종이접기, 글씨 쓰기를 힘들어합니다. 즉, 공부를 잘하려면 소근육 훈련이 반드시 필요하다는 것을 알 수 있죠.

### 소근육을 키우는 리코더 연습

초등학교 3, 4학년이 되면 본격적으로 소근육 훈련을 할 수 있는 과제들을 몇 가지 만나게 됩니다. 그중 하나가 리코더 연주입니다. 온라인 학습으로 음악 수업을 하면 대체로 예체능은 필요없다고 생각하기 때문인지 영상만 보고 그냥 넘어가는 경우가 부지기수입니다. 그러나 리코더 연주는 눈과 손의 협응을 훈련하는 과정입니다. 특히 손가락으로 리코더의 구멍을 막았다 열기를 반복하므로 소근육 훈련에 유용합니다. 숨을 고르게 내쉬는 훈련으로 자기 조절력도 생깁니다.

리코더 연주를 할 때는 음악책에 나오는 악보들을 중심으로 연습하면 됩니다. 악기 연주도 하나의 기능이기 때문에 많이 연습할수록 향상될 수밖에 없습니다. 처음에 익숙하지 않을 때는 삑삑거리는 소리밖에 나지 않겠지만 조금만 참고 연습하면 듣기 좋은 소리를 낼 수 있습니다. 바이올린을 처음 연주할 때 보잉이 제대로 되지 않아 깽깽거리는 소리가 나지만, 이내 아름다운 선율을 쏟아내듯이 말이죠.

좋은 소리를 내기 위해 호흡법도 중요하지만, 지금 우리는 소근육의 움직임을 강화시키는 것에 주목해야 합니다. 계이름에 맞게 바르게 운지하도록 반복해서 훈련하는 것에 집중하도록 합니다. 리코더 연주를 어려워하는 학생은 연습법을 모른다기보다 절대적인 연습량이 부족한 경우가 대부분이에요. 따라서 연습량을 늘려주는 것이 매우 중요합니다. 온라인 학습이라고 아이가 리코더 연습을 게을리한다면 지금 바로 연습할 수 있도록 격려해주세요.

### 소근육을 키우는 종이접기, 종이 오리기 연습

종이접기나 종이 오리기도 소근육 발달에 좋은 활동입니다. 특히 종이접기는 손가락 끝 가장 작은 마디에 힘을 줘야 하기 때문에 소근육을 아주 세심하게 사용하게 됩니다. 또 안으로 접었다 바깥으로 접었다 하기 때문에 공간 감각을 익히는 데도 탁월하죠. 종이접기 책도 많이 있지만 종이 오리기 책도 많이 나와 있습니다. 색종이를 몇 번 접은 뒤 도안대로 오리기만 하면 예쁜 패턴을 만들 수도 있어 재미있게 따라 할 수 있어요. 무엇보다 손가락을 많이 움직이고 눈으로 본 대로 따라 접거나 따라 오리는 과정을 통해 눈과 손의 협응이 활발하게 일어납니다.

### 구체물을 활용한 분수 문제 풀기 연습

초등학교 3, 4학년이 되면 점점 힘들어하는 과목이 있습니다. 바로 수학이에요. 자연수의 사칙연산이 두 자릿수와 세 자릿수까지 확장되고 분수와 소수까지 나와서 아이들이 매우 혼란스러워하죠. 또 아이들의 발목을 잡는 수 개념이 바로 분수입니다. 3학년이 되면 분수를 처음으로 접하게 됩니다. 앞서 말씀드렸던 한국교육과정평가원의 연구에서도 분수는 자연수가 아니라서 아이들이 구체적 사물로 연산하는 데 어려움을 느끼고 심지어 학습 부진까지 겪는다고 분석했습니다. 즉, 분수의 개념을 잡을 때도 구체물을 이용해 개념을 잡아가는 것이 중요하다는 결론이 나옵니다.

3학년에서 분수를 이해할 때 중요한 개념은 바로 전체량입니다. 분수하면 가장 많이 떠올리는 피자판을 생각해보세요.

각각 $\frac{1}{2}$, $\frac{1}{3}$, $\frac{1}{4}$ 을 나타냅니다. 아무리 나뉘어 있어도 전체량은 1이라는 사실을 염두에 두도록 합니다. 그리고 이런 분수판을 이용해 크기를 비교하고, 분모가 같은 분수의 덧셈과 뺄셈을 계속 연습해봐야 합니다. 둥근 분수판뿐만 아니라 막대 분수를 이용해서도 분수의 개념을 이해할 수 있도록 교구를 다양하게 준비해두면 분수의 개념을 이해하기가 훨씬 쉬워집니다.

| 1 | | | |
|---|---|---|---|
| $\frac{1}{2}$ | | $\frac{1}{2}$ | |
| $\frac{1}{3}$ | $\frac{1}{3}$ | | $\frac{1}{3}$ |
| $\frac{1}{4}$ | $\frac{1}{4}$ | $\frac{1}{4}$ | $\frac{1}{4}$ |

원형 분수판이 분수의 양에 대한 개념을 익히는 데 도움을 준다면 분수 막대판은 자연수처럼 분수를 순서수로 이해하기 쉽게 도와줍니다.

| $\frac{1}{4}$ | $\frac{1}{3}$ | $\frac{1}{2}$ | | 1 |
|---|---|---|---|---|

분수도 자연수처럼 순서수의 개념으로 생각하면 분수를 이용한 길이의 문제를 (주로 서술형) 해결할 수 있습니다. 위와 같은 개념을 이해하면 전체가 1이고 등분하는 양에 따라 분수의 크기가 정해진다는 것도 이해하기 쉽습니다.

분수에 대한 개념을 또 다르게 표현하기도 합니다. 210쪽 그림을 분수로 나타내면 얼마가 될까요? 마찬가지로 $\frac{1}{3}$이 됩니다. 바둑알이 15개 있지만 전체량을 1로 봐야 하기 때문이죠. 이 문제를 풀이하면

'15의 $\frac{1}{3}$은 5'로 표현됩니다. 이처럼 분수판이 아닌 바둑알을 이용해서 묶어보기를 연습하면 전체량과 부분량 사이의 관계를 분수로 나타낼 수 있습니다.

**Contents**　**사회, 수학, 영어 학습을 위한 온택트 학습 앱**

### 사회과학 요점

구글 플레이 스토어에서 사회과학 요점이라고 검색하면 나옵니다. 아쉽게도 아이폰에서 쓸 수 있는 앱은 없습니다. 3, 4학년 때는 1, 2학년 때와 달리 사회와 과학에서 공부하고 암기해야 할 내용이 많아집니다. 핵심 내용을 정리할 줄 모르는 학생들에게 핵심 내용을 정리해 보여주기 때문에 매우 유용하답니다.

### 사회퀴즈(학년별, 학기별)

3학년부터 6학년까지 학기별로 사회 내용으로 퀴즈를 풀어볼 수 있는 앱입니다. 사회과학 요점 앱으로 학습 내용을 정리한 뒤 퀴즈를 풀면서 확인해볼 수 있어요.

### 수학연습

현직 초등학교 선생님이 만든 교육용 앱입니다. 1학년부터 6학년까지 학기별로 앱이 있으며 수학 연산을 능숙하게 할 수 있도록 단원별로 연습 문제가 제시돼 있어요. 연산의 방법은 알지만 능숙하게 풀지 못하는 학생들이 연습할 수 있도록 도와줍니다.

### 캐치잇 잉글리시

안드로이드폰과 아이폰 모두 사용할 수 있는 영어 학습용 유료 앱입니다. 게임하듯이 재미있게 미션을 수행하면서 영어 표현들을 암기할 수 있습니다. 영어 단어와 문장 카드를 주고받으면서 공부할 수 있을 뿐만 아니라 단어 게임을 하면서 재미있게 영어 공부를 할 수 있습니다. 말하기 연습 기능을 활용해 회화 연습도 할 수 있습니다.

### Test&Teaching  메타 인지 사고를 위한 러닝 앤 티칭 데이

3, 4학년이 되면 다른 사람을 가르쳐보는 선생님 놀이를 통해 메타 인지 사고력을 키울 수 있습니다. 특히 3, 4학년은 칠판에 낙서하는 것도 좋아하고 선생님을 흉내 내는 것을 무척 좋아하는 시기입니다. 집에서도 화이트보드를 설치해 한 달에 한두 번씩 아이가 선생님 역할을 하고 나머지 가족들은 학생 역할을 하면서 수업 시간을 가져보세요.

처음에는 무척 어색할 수 있어요. 또 수업을 하다 보면 아이가 틀리기도 하고 가족들이 알아듣기 어려울 수도 있어요. 하지만 첫술에 배부를 리 없다는 것을 항상 명심하고 꾸준히 선생님 놀이를 지속하면 분명 좋은 성과를 얻을 수 있습니다. 선생님 놀이를 통해 메타 인지 사고력, 즉 자신이 알고 있는 내용을 어떻게 전달할 것인지, 내가 알고 있는 것은 무엇이고 내가 모르는 부분은 무엇인지를 생각하게 되므로 학습에 많은 도움이 됩니다.

한번은 저희 반 아이들과 재미있는 실험을 한 적이 있습니다. 이름하여 러닝 앤 티칭 데이 프로젝트예요. 말 그대로 배우고 가르치는 날, 선생님 놀이를 하는 날입니다. 아이들이 선생님이 되고 학부모 중 한 분을 선택하거나 친구 혹은 언니, 오빠를 학생으로 삼아 가르쳐보는 시간이었죠. 단, 동생은 가르치면 안 됩니다. 학생 역할을 하는 사람은 선생님 역할을 하는 학생이 자신을 가르치고 있는지를 확인하는 사람이기 때문이에요. 즉, 학생이 다른 사람을 가르치면서 동시에 스스로 배우게 되는 시스템이라고 생각하면 됩니다. 이렇게 하면 학생들의 메타 인지를 자극시킬 수 있어요.

여기에 한 가지 장치를 더할 수도 있습니다. 러닝 앤 티칭 데이를 마치고 나서 이틀 뒤에 평가 시간을 갖는 것입니다. 보통 시험을 치르고 나면 학부모들은 "시험 문제를 꼼꼼히 봤어?" "다시 한번 더 풀어봐." "확인해봐." 같은 말을 합니다. 어른들 입장에서는 학생들이 신중하게 문제를 기억하면서 풀기를 기대하겠지만, 아이들 입장에서는 그러기가 쉽지 않은 게 현실입니다.

그래서 저는 시험을 마치고 교실을 나서려는 아이들에게 이렇게 물었습니다. "이번 시험에서 몇 점을 받을 것 같니?" 그러자 "음… 90점이요."라고 대답했습니다. 그 아이에게 다시 한번 "그래? 그러면 두 개 틀릴 것이라고 예상한 것일 텐데, 몇 번과 몇 번에서 틀릴 것 같니?"라고 물었습니다. 이 질문의 의미는 무엇을 틀리고 무엇을 맞았는지를 아는지 확인하는 작업, 즉 메타 인지를 자극하는 두 번째 장치였습니다.

그저 자신에게 주어진 시험지를 막연하게 풀었던 아이들은 제 질문을 듣고는 자신이 몇 점을 받을 수 있을지 생각해보고 몇 번 문제를 틀릴 것 같은지 확인해봤습니다. 평소 연산 실수가 잦은 아이들은 단순 연산 문제를 맞게 풀었는지 확인해봤고, 문장제 문제를 잘 틀리는 아이들은 문장제 문제의 식을 바르게 적었는지 확인했습니다. 물론 자신이 무엇을 틀렸을지 모르겠다는 아이들도 있었죠. 그 아이들에게는 처음부터 다시 한 문제씩 확인해보라고 했어요.

점수가 높은 아이들은 어떤 문제를 맞고 틀릴지를 바르게 예상한 학생들이었습니다. 이 학생들은 예상 점수와 실제 점수와의 차이가 5점 안팎이었어요. 아쉽게도 어떤 문제를 틀릴지 잘 모르겠다고 말한 아이들의 점수는 낮은 편이었어요. 이 아이들은 점수에 대한 확신이 낮았고, 예상 점수와 실제 점수와의 차이도 최대 20점까지 났답니다.

혼자 공부를 완성하는
초등 고학년

▶||━━━━━━━━━━━━━●━━━━━━━━

초등학교 고학년은 학습 습관이나 태도가 어느 정도 잡혀 있을 시기이지만 저학년과 중학년을 어떻게 보냈는지에 따라 학습 습관이나 태도가 달라질 수 있습니다. 중학생이 되기 전 마지막으로 학습 습관을 잡아줄 수 있는 기회이기도 하고요. 중학생이 된 후에 학습 습관을 잡아주려고 하면 사춘기의 반항심을 자극해 학부모와의 관계만 나빠질 수 있습니다.

　그럴 때는 충분히 대화를 나누면서 우선적으로 관계를 개선하는 데 집중하세요. 아이가 어떤 부분을 힘들어하는지, 어떤 부분에서 절제를 하지 못하는지, 어떤 공부를 어려워하는지에 대해 충분히 이야기를 나누고서 학습을 해야 합니다. 지금 당장은 학습 진도가 뒤처지거나 남들보다 늦어 보여도 그것이 가장 빠른 길이랍니다. 초등학교 고학년 단계에서 갖췄으면 하는 온택트 학습력에 대해서 살펴보도록 하겠습니다.

Object    시험 공부 계획표를 짜보세요

Note    수업을 듣고 노트 필기를 하세요

Table&Textbook    배울 양이 많아진 교과서를 파악하세요

Action    선택과 집중으로 움직이세요

Contents    5, 6학년에게 알맞은 진로 교육을 찾아보세요

Test&Teaching    티칭 데이를 운영해 보세요

## Object    결과로 증명되는 시험 공부 계획표

아이가 3, 4학년부터 계획표를 세우고 실천했다면 어느 정도 체계가 잡혔을 것입니다. 만약 계획 세우는 것에 익숙지 않은 5, 6학년이라면 계획표 짜기부터 시작해야 합니다. 계획표는 일주일 단위로 매일매일 혼자 공부해야 하는 내용 중심으로 짜면 됩니다. 이때 선생님이 준 주안(일주일 시간표)을 참고하면 좋습니다. 주안에는 그날그날 배울 과목과 학습 내용뿐만 아니라 과제도 정해져 있습니다. 계획표의 해당 날짜에 과제도 포함시켜 실천 여부를 확인하도록 합니다. 그러면 학부모는 하루의 계획표를 보고 수업 과제와 아이가 혼자 공부해야 할 내용(독서, 수학, 영어 위주)을 계획대로 실천했는지 확인만 하면 됩니다.

5, 6학년 때에는 공부 계획 짜기 외에 한 가지를 더 연습해야 합니다. 바로 시험 대비용 계획표 짜기입니다. 요즘은 중학교 1학년도 자유 학년제라서 시험을 보지 않고 수행 평가만 치릅니다. 그 덕분에 중학교 2학년이 되면 시험 공부 방법을 몰라 헤매다가 무작정 외우는 식으로

공부하기 일쑤죠. 따라서 초등학교 고학년 때부터 각 가정에서 중간, 기말고사를 대비해 실제로 시험지도 만들어보고 시험 대비용 계획표도 짜는 연습을 해보세요. 중간, 기말고사용 문제는 시중에 나와 있는 문제집을 잘라서 만들면 됩니다. 아이스크림이나 밀크티와 같은 초등 인강 프로그램을 수강하는 학생들도 많은데, 그 프로그램에서 제공하는 문제 은행을 활용해도 도움이 됩니다. 이렇게 시험 공부용 계획표 짜기를 연습해본 학생과 그렇지 않은 학생 사이에는 엄청난 차이가 있어요.

| 1일(월) | 2일(화) | 3일(수) | 4일(목) | 5일(금) | 6일(토) |
|---|---|---|---|---|---|
| 과학 1단원 정리, 수학 1단원 개념정리, 문제집(쪽수) | 과학 2단원 정리, 수학 1단원 개념정리, 문제집(쪽수) | 과학 3단원 정리, 수학 2단원 개념정리, 문제집(쪽수) | 사회 1-(1) 정리, 수학 2단원 개념정리, 문제집(쪽수) | 사회 1-(2) 정리, 수학 3단원 개념정리, 문제집(쪽수) | Teaching Day (1주) |
| 8일(월) | 9일(화) | 10일(수) | 11일(목) | 12일(금) | 13일(토) |
| 사회 2-(1) 정리, 수학 3단원 개념정리, 문제집(쪽수) | 국어 1단원 문제집(쪽수), 과학 1, 2단원 암기 | 국어 2단원 문제집(쪽수), 과학3단원 암기 | 국어 3단원 문제집(쪽수), 사회 1단원 암기 | 국어 4단원 문제집(쪽수), 사회 2-(1) 암기 | Teaching Day (2주) |
| 15일(월) | 16일(화) | 17일(수) | 18일(목) | 19일(금) | |
| 국어 5단원 문제집(쪽수), 수학 1~3단원 정리 | 국,사,수,과 핵심정리 | 국,사,수,과 핵심정리 | Teaching Day (전 과목) | 중간고사 ★ | |

중간고사를 가정해 만든 시험 공부 계획표 예시입니다. 19일(금)이 시험일이므로 1주 단위로 점검할 수 있는 티칭 데이와 시험 전날 점검을 위한 티칭 데이를 정합니다. 그리고 나머지 날들은 과목별로 전체 시험 범위를 나누어 공부할 수 있도록 적절히 분배해주세요. 어떤 과목을 먼저 공부할 것인지는 아이의 상황에 맞게 융통성을 발휘해 정하면 됩니다. 영어의 경우에는 평소 다니는 영어 학원의 수업만으로도 충분하다 싶으면 시험 공부 계획에서는 제외시켜도 됩니다.

**Note  수업의 핵심만 빠짐없이 필기하는 법**

초등학교 고학년이 되면 노트 필기를 연습하는 것이 좋습니다. 스스로 내용을 정리하는 과정을 통해 중요한 내용을 찾아낼 줄 아는 실력도 키울 수 있습니다. 노트 필기를 할 때는 코넬 노트 필기법을 많이 활용합니다. 코넬 노트 필기법은 공책을 네 개의 영역으로 나눠 핵심을 적고

| ① 배운 날짜, 단원명 | |
|---|---|
| ② 핵심 단어 | ③ 내용 정리 |
| ④ 내용 요약 | |

내용을 요약하는 방식의 필기법이에요. 모든 과목에 적용하기보다 우선 사회부터 적용하고 수학과 국어에도 적용해보세요. 5학년 1학기 사회를 예로 들어볼게요.

① 칸에는 배운 날짜와 단원명을 적습니다.

② 칸에는 핵심 단어를 적습니다.

③ 칸에는 핵심 단어에 대한 설명을 정리해 적습니다.

④ 칸에는 배운 내용을 요약해 적습니다.

| 2020.00.00. 1. 국토와 우리 생활 (1) 우리 국토의 위치와 영역 | |
|---|---|
| 위도, 경도, 우리나라의 위치 | 위도: 적도를 기준으로 북쪽은 북위, 남쪽은 남위라고 한다.<br>경도: 본초 자오선을 기준으로 동쪽은 동경, 서쪽은 서경이라고 한다. |
| 우리나라의 위치는 북위 33~43도, 동경 124~132도에 위치하고 있다. 아시아 대륙의 동쪽에 위치한 반도국가다. | |

**Table&Textbook**  **고학년 교과서 완벽하게 파헤치기**

5, 6학년 교과서는 3, 4학년 때와 전체적으로 동일한 구성에 실과가 한 권 더 추가됩니다. 전체적으로 분량도 늘어납니다. 국어에서는 지문이 더 길어지고 좀 더 깊이 있는 이야기를 다룹니다. 수학에서는 분수의 사칙연산, 소수의 사칙연산이 완성되며 평면 도형의 넓이를 모두 다루

게 됩니다. 6학년 수학은 좀 더 심화된 과정을 다룹니다. 함수의 기초가 되는 비례식과 비례 배분이 등장하며 원의 넓이 및 직육면체의 부피까지 다룹니다. 사회의 경우 한국사 전체를 아우르면서 분량도 방대해져 아이들이 힘들어하기도 하죠. 석기시대에서 고조선과 삼국시대까지는 문제가 없어도 후삼국시대부터 고려시대로 넘어가고 조선시대까지 이르면 점점 배워야 할 분량이 많아지면서 머릿속이 온통 뒤죽박죽되기도 해요. 이렇게 분량이 늘어난 교과서를 이해하려면 어떻게 해야 할지 과목별로 살펴보도록 하겠습니다.

### 국어 - 긴 지문에 익숙해지기 연습

꾸준히 독서를 해온 학생이라면 글밥의 양을 늘려도 큰 무리가 없을 겁니다. 글밥이 많은 지문의 경우 전체적인 내용을 잘 이해하며 읽을 수 있는지의 여부가 중요해요. 아이가 교과서의 내용을 잘 이해하는지를 확인하려면 교과서 속 지문 다음에 나오는 질문에 쉽게 답할 수 있는지를 보면 됩니다.

질문에 답하기 어려워하거나 엉뚱한 답을 말한다면 자신의 나이보다 한 단계 낮은 수준의 책을 꾸준히 읽으면서 글의 종류에 따른 독서록 쓰기를 계속해야 합니다. 지문이 길어진 만큼 어려운 어휘들도 많이 나오기 마련입니다. 사전을 찾아보거나 앞뒤 문맥을 살펴 단어의 뜻을 알아가면서 글을 읽는 것도 중요합니다.

교과서의 분량이 많아지면 핵심을 찾는 것이 더욱 중요해집니다. 교과서의 목차를 살펴보면서 각 단원에서 무엇을 배우게 될지 꼭 파악하도록 지도해주세요. 각 단원마다 나오는 학습 목표와 핵심 정리 내용들(주로 말풍선에 나오는 내용들) 위주로 학습 내용을 정리할 수 있도록 아이들을 도와주세요.

### 수학 – 공식 암기보다 이해하기 연습

분수의 사칙연산 중 덧셈과 뺄셈은 3, 4학년 과정에, 곱셈과 나눗셈은 5학년 1, 2학기 과정에 나옵니다. 이때 분수의 덧셈과 뺄셈, 곱셈과 나눗셈에 대한 개념이 제대로 잡혀 있지 않으면 언제 통분을 해야 하며, 왜 통분을 하고서 계산해야 하는지를 알지 못합니다. 그래서 곱셈과 나눗셈을 하면서도 통분하는 실수를 저지르게 되지요.

분수의 덧셈과 뺄셈은 전체량에서 부분량, 즉 분모를 같게 만들어야 계산할 수 있습니다. 그래서 통분은 필수입니다. 즉, 분모를 똑같이 맞춰주면 분자는 자연수와 똑같이 계산할 수 있다는 것을 알아야 합니다. 반면 분수의 곱셈과 나눗셈은 분모를 똑같이 맞춰 계산하는 것이 아니라 '주어진 분수를 몇 배 한다'거나 '주어진 분수를 등분하라' 같은 개념으로 해결해야 합니다. 조금 어려운 설명일 수 있는데 예를 들어 ' $\frac{1}{2} \times \frac{1}{3}$ '은 ' $\frac{1}{2}$ 의 $\frac{1}{3}$ 배'라는 뜻입니다. 이를 분수 막대로 나타내보도록 하겠습니다.

| $\frac{1}{2}$ |
|---|

을 3등분 한 것 중 하나가 바로 $\frac{1}{3}$ 배입니다.

| $\frac{1}{6}$ | | |
|---|---|---|

즉, $\frac{1}{2}$ 을 3등분하면 $\frac{1}{6}$ 이 세 개 있는 셈이 되고 그중 하나가 $\frac{1}{2}$ 의 $\frac{1}{3}$ 배라고 할 수 있으므로 답은 $\frac{1}{6}$ 이 됩니다(물론 분수의 곱셈 중에는 동수누가로 설명되는 부분도 있습니다. 즉, '$\frac{1}{2} \times 3 = \frac{1}{2} + \frac{1}{2} + \frac{1}{2} = \frac{3}{2}$'과 같이 표현됩니다).

또, 분수의 나눗셈을 설명하자면 '$\frac{1}{2} \div 3$'의 경우는 '$\frac{1}{2}$ 을 3등분 하라'는 뜻과 같습니다. 즉, $\frac{1}{2} \times \frac{1}{3}$ 과 같아지므로 역수를 만들어 계산하는 셈이 됩니다.

수학은 무턱대고 공식이나 원리를 암기하는 식으로 계산하기보다 원리를 이해하고 계산해야 제대로 이해할 수 있습니다. 그러기 위해서는 수학 교과서에 나오는 질문들을 꼼꼼히 따져보는 습관을 가져야 합니다. 그리고 도형의 넓이를 구하는 경우에도 공식만을 암기하기보다 교과서의 질문과 활동을 중심으로 직접 도형을 자르고 뒤집고 붙여가면서 공식을 도출한 원리를 이해하는 것이 매우 중요합니다. 단순히 공식만을 암기하면 한 단원이 끝날 때쯤이면 모두 잊어버리고 말 겁니다.

### 사회 – 차례로 내용 파악하기 연습

한국사는 분량이 워낙 많다 보니 내용을 한꺼번에 이해하기 어려울 수 있습니다. 교과서의 차례를 꼼꼼히 읽으면서 순서를 기억하면 좋아요. 5학년 2학기 사회 전체를 차지하고 있는 사회 교과서 단원 차례를 살펴보면 다음과 같습니다.

1. 옛 사람들의 삶과 문화

(1) 나라의 등장과 발전

(2) 독창적 문화를 발전시킨 고려

(3) 민족 문화를 지켜 나간 조선


2. 사회의 새로운 변화와 오늘날의 우리

(1) 새로운 사회를 향한 움직임

(2) 일제의 침략과 광복을 위한 노력

(3) 대한민국 정부의 수립과 6.25전쟁


6학년 1학기가 되면 정치에 대해 배우면서 근현대사를 다루도록 떼어놓았습니다. 한국사에 대한 학습 부담을 줄이는 쪽으로 새롭게 구성된 것이죠. 또 한국사를 시대별로 나눠 차례를 구성했기 때문에 각 차례가 어느 시대에 해당되는지만 확인해둬도 전체적인 흐름을 이해하는 데 큰 도움을 받을 수 있습니다.


1. 옛 사람들의 삶과 문화

(1) 나라의 등장과 발전

 -선사시대(구석기, 신석기, 청동기)

 -고조선(철기)

 -삼국시대

-통일신라시대

-후삼국시대

(2) 독창적 문화를 발전시킨 고려

-고려

(3) 민족 문화를 지켜 나간 조선

-조선 전기(개국~임진왜란, 병자호란)


2. 사회의 새로운 변화와 오늘날의 우리

(1) 새로운 사회를 향한 움직임

-조선 후기

(2) 일제의 침략과 광복을 위한 노력

-대한제국

-일제강점기

(3) 대한민국 정부의 수립과 6.25전쟁

-대한민국


## Action   아이의 숨은 재능을 찾아 연마하는 시간

### 선택하고 집중해서 학습하기

아이가 좋아하는 것과 잘하는 것이 뚜렷하다면 학습 방향을 잘 잡아 줄 수 있겠지만 초등학교 5, 6학년들은 자신이 무엇이 되고 싶은지 계속 바뀌기도 하고 아직 결정하지 못하기도 합니다. 아이와 함께 많은 대화를 나누면서 어떤 분야를 좋아하는지, 잘하는 것이 무엇인지 찾아가면서 지금 하고 있는 활동들을 점검하고 정리하면 좋습니다. 저학년과 중학년 때는 다양한 경험을 통해 배웠다면 고학년 때는 불필요한 것을 정리하는 것이 중요합니다. 공부할 양이 점점 많아지는 시기가 됐기 때문이죠.

예를 들어 저학년과 중학년에 많이 했던 예체능 활동들 중 정말 아이가 원하는 것 하나 정도만 남겨두고 정리하는 것도 좋아요. 아이가 미래에 무엇을 해야 할지 아직 정하지 못한 경우 기본을 탄탄하게 다질 수 있도록 국어, 영어, 수학 공부를 철저하게 관리해주세요. 기본을 잘 다져놓아야 자신의 진로를 찾아 성장할 수 있는 길이 다양해집니다.

### 특별활동으로 재능 찾기

온라인 학습 기간 동안 아이들이 집에 있는 시간이 많아졌으니 자신만의 특별활동을 찾아보도록 하는 것은 어떠세요? 저희 집 아이들은 관심사를 찾을 수 있는 기회로 방학 기간을 활용했는데, 아주 만족스러웠다고 해요. 일단 아이들에게 일주일이라는 기간 동안 하루 한 시간을 투자할 수 있는 특별활동을 스스로 정해보도록 일러줬습니다. 그러자 첫째 아이는 'PPT 만들기', 둘째 아이는 '아침 식사 만들기'로 정했어요. 중간에 힘들어도 일주일은 유지하도록 했습니다. 아이들도 일단 일주일만 해보는 것이니 큰 부담을 느끼지 않은 듯했습니다.

특별활동을 해본 결과 첫째 아이는 PPT와 영상 제작에 큰 관심을 가지게 됐어요. 디자인에 전혀 소질이 없다고 생각했는데 의외로 디자인 감각을 엿볼 수 있었습니다. 일주일 후에도 PPT 파일을 만들며 발표하는 시간을 계속 가졌는데 제법 잘 만들더군요. 오히려 제가 아이에게 기능들을 배워야 할 정도였어요. 둘째 아이는 자신이 요리에 소질도 없고 관심도 없다는 것을 알게 됐습니다. 요리 프로그램처럼 척척 만들 수 있는 줄 알고 관심을 가져봤지만 생각보다 쉽지 않다는 것을 깨닫고 요리가 아닌 다른 관심사를 찾아보기 시작했습니다. 이렇게 다양한 특별활동을 해보면 자신이 무엇을 좋아하고 잘하는지를 금방 깨닫게 된답니다.

### Contents  진로 교육 맞춤형 온택트 학습 사이트
주니어 커리어넷 홈페이지(www.career.go.kr/jr)

교육부는 2020년부터 초등학생에게 특화된 진로 정보를 제공하는 주니어 커리어넷 홈페이지를 운영하고 있습니다. 이곳에서 진로 심리 검사, 진로 상담, 진로·직업·학과 정보, 진로 교육 자료 등을 찾아볼 수 있습니다. 아이의 흥미와 적성을 알아보는 활동과 주니어 진로카드 선택하기를 통해 아이의 관심사를 알아볼 수 있어요. 또, 초등학생들의 눈높이에 적합한 진로 정보와 미래 사회의 변화에 따른 다양한 직업들을 만나볼 수 있어 좋습니다. 어떤 직업을 선택하는 것이 좋을지 주제별 (진학·직업·진로·학습·적응) 상담 사례도 찾아볼 수 있고, 진로 전문가와 1:1 상담으로 진로 설계에도 도움을 받을 수 있습니다.

초등 온택트 공부법

## 미래 직업 체험 실감형 콘텐츠 앱

최근에는 실감형 VR 콘텐츠가 다양하게 등장하고 있습니다. 한국교육학술정보원에서 나온 미래 직업 체험 실감형 콘텐츠가 대표적입니다. VR버전과 3D버전이 모두 제공되기 때문에 카드보드가 없어도 미래 직업들을 체험할 수 있습니다.

**티칭 데이로 혼자 공부를 마무리하라**

저와 제 아이들은 일주일에 한 번씩 티칭 데이를 실시합니다. 단, 저희 집 아이들이 수학을 어려워하기 때문에 다른 과목은 제외하고 수학만 집중하죠. 게다가 수학이라는 과목이 다른 과목들보다 티칭 데이를 시작하기가 쉽습니다. 문제 풀이 중심으로 시작해도 되고 개념 설명을 중심으로 시작해도 됩니다.

저희 집에서도 화이트보드 구매를 망설였습니다. 화이트보드는 벽에 붙이는 것도 있고, 이동식도 있고, 그 종류가 굉장히 다양해요. 아이들이 어릴 때는 작은 화이트보드를 사서 자석교구도 붙이고 쓰기 연습도 하고 그리기도 하면서 잘 썼었습니다. 그런데 아이들도 자라서 큰 화이트보드를 사려니 위치도 그렇고 보관하기도 애매해졌습니다. 그래서 화이트보드를 사기 전에 텔레비전을 활용해보기로 했어요.

수학 문제와 풀이 과정을 스마트폰 카메라로 찍은 후 스마트 TV로 바로 미러링을 하는 겁니다. 그런 다음 아이가 자신이 푼 풀이 과정을 보면서 어떻게 푸는지를 설명하도록 시켰습니다. 사진으로 찍지 않고 스마트폰을 삼각대에 설치해서 그대로 화면을 미러링 해도 상관없어요. 마치 EBS나 인강 강사들이 빔프로젝트를 활용해 문제를 칠판에 보여주면서 설명하는 것처럼 말이죠.

함께하는 아이들의 관심과 흥미도도 상당히 높아졌습니다. 아날로그에서 디지털로 진화하는 느낌이라고 할까요? 여러분도 화이트보드를 구매하기 전에 스마트 TV를 활용해보세요. Z세대 아이들이 훨씬 더 티칭 데이를 재미있게 받아들일 수 있도록 도와줄 겁니다. 분명 효과가 있는 방법이니 꾸준하게 실천해보세요.

공부의 효과는 처음부터 나지 않을 수 있지만 그 마지막 완성은 꾸준한 실천에 달려 있습니다. 학습의 결과는 우상향 직선형으로 뻗어 올라가지 않고, 계단식으로 올라간다는 것을 기억하세요. ONTACT 학습법과 함께 귀한 열매를 맛보는 여러분이 되길 바랍니다.

5장

# 초등 교육,

................................................................

# 따뜻한 관계 맺기가 필요한 시간

................................................................

학교와 친구를 통해 배우는
관계의 힘

▶||

　이 책을 준비하면서 과목별로 온택트 학습력을 키울 수 있는 방법이 무엇인지 고민했습니다. 시중에 나와 있는 학습법 관련 책들을 모조리 찾아보면서 온택트 학습에 적용시킬 만한 것들을 중심으로 찾아봤습니다. 그러다 갑자기 예민해지는 것을 느꼈습니다. 학교 업무를 보면서 시간을 쪼개어 글을 쓰느라 집중했던 것이 이유 같았습니다. 또 학습법에 관한 주제를 다룬 책이라 좀 더 사실적이고 정확한 방법들을 찾느라 저도 모르게 예민해진 것 같았습니다.

　문득 저는 '초등 교육은 입시 교육이 아닌데…' 라는 생각이 들기 시작했습니다. '초등 교육이야말로 세상을 살아가기 위한 기초를 가르치는 기본 교육'이라는 초등 교육의 본질을 생각하기 시작했습니다. 그리고 코로나19로 인해 온라인 학습이 계속되는 상황을 되돌아보게 됐습니다. 그동안 아무런 제약 없이 이뤄지던 등교 수업만이 줄 수 있던 관계의 따뜻함, 그 속에서 자라던 우리 아이들이 떠올랐습니다.

교육 과정은 표면적 교육 과정과 잠재적 교육 과정으로 나뉩니다. 표면적 교육 과정이란 우리가 보통 알고 있는 교과 과정을 의미합니다. 잠재적 교육 과정이란 표면적 교육 과정을 이행하는 과정에서 의도하든 의도하지 않든 나타나는 모든 교육적 효과를 나타냅니다.

표면적 교육 과정은 말 그대로 교과 내용을 학습하면서 배우게 되지만 잠재적 교육 과정은 수업을 하면서 또 학교 생활을 하면서 자신도 모르게 배우게 됩니다. 교사와의 관계 속에서도 배우고 학생 간의 관계 속에서도 배웁니다. 예를 들어 친구와 싸웠을 때 어떻게 화해하는지에 대해서는 표면적 교육 과정에 드러나지 않습니다. 싸우고 난 후 화해할 때의 표정과 말투가 어떠해야 하는지는 교사와 다른 친구들을 통해서 배우게 됩니다. 이것이 잠재적 교육 과정입니다. 인성 교육과 겹치는 부분이 있죠. 표면적 교육 과정을 통해서는 학습 내용과 방법을 배우지만 잠재적 교육 과정을 통해서는 인성과 인격을 성장시킵니다. 이 둘은 서로 상호 보완적인 작용을 할 때에 교육의 효과가 극대화됩니다.

하지만 온라인 수업 중에는 잠재적 교육 과정을 접할 기회가 부족하죠. 자연스레 관계 속에서 배워나가는 인성 교육이 약화될 수밖에 없습니다. 그렇다고 해서 그 중요성까지 약화된 것은 아닙니다. 미국 CCR<sup>Center for Curriculum Redesign</sup>의 찰스 파델<sup>Charles Fadel</sup> 교수는 21세기 핵심 역량을 4C<sup>Communication, Collaboration, Critical Thinking, Creativity</sup>로 정했습니다. 각 역량은 의사소통, 협업, 비판적 사고력, 창의성이며 그중 두 개가 바로 인성 교육과 관련된 내용입니다. 4차 산업혁명이 가속화될수록 기술과 디지털이 발달하는 시대에 기술이 아무리 발전하더라도 인성 교육이 뒷받침되지 않으면 한낱 껍데기에 불과할지 모릅니다.

21세기로 접어들면서 전 세계적으로 입사하고 싶어 하는 꿈의 직장은 어디일까요? 수많은 기업이 있겠지만 바로 구글Google 아닐까요? 구글에 입사하려면 명문대 졸업장은 물론이고, 화려한 스펙과 실력을 갖춰야 한다고 생각할 수 있습니다. 하지만 〈뉴욕타임스〉에 실린 라즐로 복Laszlo Bock 인사 담당 수석부사장의 칼럼에 소개한 구글의 입사 기준은 우리의 생각을 완전히 뒤집습니다.

**구글이 신입사원 채용 시 중시하는 다섯 가지**

학습 능력   IQ가 아니라 필요한 정보를 한데 모으고 새로운 것을 배우는 능력

새로운 리더십   팀의 구성원으로서 협업을 이끌어내는 리더십과 팔로어십

지적 겸손   다른 사람의 아이디어를 포용하고 배우려는 자세

책임감   공적인 문제를 자신의 것처럼 생각하는 주인의식

전문 지식   해당 분야의 전문성 (그러나 다섯 가지 중 가장 덜 중요)

*학점, 시험 점수 등은 큰 영향 안 미침

학점과 시험 점수보다 학습 능력, 지적 겸손, 책임감 등에 더 많은 비중을 둔다고 하니 4차 산업혁명 시대에 인성 교육은 정말 중요한 과정인 것 같습니다. 이것은 인생에서 공부가 전부가 아니라고 말하는 자기합리화와 같은 논리가 아닙니다. 교수를 가르치는 교수로 유명한 조벽

교수도 『인성이 실력이다』에서 인성은 순간적으로 잘하는 것이 아니고 평상시의 모습을 반영한다고 했습니다. 또 오랜 학습의 결과로 나타나기에 실력과 마찬가지라고 했습니다.

온라인 학습을 시작하면서 교사들이 항상 먼저 하는 교육이 바로 온라인 매너, 온라인 예절 지키기입니다. 비록 비대면을 유지해야 하는 상황이지만 우리는 계속 관계를 맺고 나가야 합니다. 온라인 환경에서도 계속 관계를 맺어나가게 될 것입니다. 그리고 예절의 시작인 인성 교육은 가정에서부터 시작할 수 있습니다.

인성 교육에 대한 방대한 연구 중 한 가지를 소개해드릴게요. 바로 그랜트 연구Grant Study입니다. 백화점 재벌 윌리엄 그랜트의 후원으로 이루어진 '그랜트 연구'는 1940년대에 하버드대학교를 다녔던 학생들을 75년 동안 추적한 연구입니다. 이 연구의 세 번째 책임 연구자가 바로 『행복의 조건』을 쓴 조지 베일런트George Vaillant 박사였습니다. 그는 연구의 결과를 다음과 같이 요약했습니다.

- 대학의 점수가 이후 50년의 인생에 전혀 영향을 끼치지 않는다.
- 삶에서 가장 중요한 것은 사람과의 관계다.

베일런트 박사의 말처럼 온택트 환경에서 ONTACT 학습법과 함께 정말 중요한 것은 온溫(따뜻한) tact(관계)라는 점은 충분히 과학적으로 증명됐음을 알 수 있습니다. 저는 아이들이 좋은 관계를 맺기 위해 갖춰야 할 자세로 네 가지를 선택해봤습니다.

① 감정 표현 (나-너)
② 긍정적인 마음 (나-너)
③ 책임감 (나-우리)
④ 나눔 (나-우리)

| 감정 표현 | 긍정적인 마음 |
|---|---|
| 책임감 | 나눔 |

이제 하나씩 살펴보면서 좋은 관계를 맺기 위한 방법들을 얻어가길 바랍니다.

# 나와 너의 관계가 좋아지는
# 감정 표현 연습

▶II ──────────────────●──

## 자기 감정 표현법과 감정 조절력

학습에 있어서 중요한 능력 중 하나가 자기 관리 능력입니다. 자기 관리는 공부 계획표 짜기 같은 인지적인 부분도 있지만 충동 조절, 감정 조절과 같은 정의적인 부분도 포함이 됩니다. 온라인 학습을 하다 보면 자신도 모르게 유튜브를 더 보기도 하고 과제를 미루거나 대충하려는 마음이 많이 들게 됩니다. 굳게 마음먹은 대로 되지 않는 경우가 많이 생겨요. 이럴 때 아이는 아이대로 당황스럽고 부모는 부모대로 화가 날 수 있어요. 그때 아이들은 어떻게 표현할까요?

누구나 자기 마음을 자기가 가장 잘 알고 표현할 수 있을 것 같지만 아이들은 그게 가장 어려워요. 자기도 자기 마음을 잘 모르겠다고 하죠. 하지만 어른들도 자기 마음을 잘 모르는데 아이들이야 당연할 수밖에요. 자기 마음을 잘 모르겠다는 것은 자기 감정에 붙은 이름이 무엇인지 모르는 경우가 대부분입니다. 어떤 감정이 떠오르기는 하는데 그 감정을 뭐라고 불러야 할지 몰라서 막막한 거예요.

감정은 무지개처럼 다양한 색깔이 있고 스펙트럼도 존재합니다. 긍정의 감정에서 부정의 감정까지 다양한 감정의 세계가 있지만 감정 표현에 익숙하지 않다면 부정적인 감정을 "짜증 나!" 같은 한마디로 끝내버리기도 합니다. 그러면 부모의 잔소리가 시작되고 학습은 뒷전으로 밀려난 채 서로 불필요한 감정 소모만 하게 됩니다.

아이가 가정에서 쓰는 표현들을 학교에서 배운다고 생각해보세요. 요즘 아이들이 대부분 그러니까 상관없다고요? 아이들도 서로를 잘 알고 있습니다. 자신의 감정을 순화시켜 상대방을 배려하는 아이와 자신의 감정을 있는 그대로 표현해 가까이하기 어려운 친구를 구분할 줄 알죠. 그럼 어떤 아이에게 친구가 더 많을까요? 당연히 자신의 감정을 순화시켜서 부드럽게 표현해주는 친구를 더 좋아합니다. 그럼 그 아이는 감정 표현을 누구에게서 배울까요? 바로 부모, 특히 많은 시간을 함께하는 엄마로부터 배우게 돼요.

엄마와 나누는 대화나 표현들은 아이에게 절대적인 영향을 끼친답니다. 말투, 선택하는 단어, 말의 속도가 모두 포함돼요. 상담을 위해 학부모와 통화를 하다 보면 정말 많이 놀란답니다. 부모와 자녀의 언어 습관이 상당히 닮았다는 사실을 알게 되거든요. 아이에게 감정 표현을 부드럽게 하고 서로 부드러운 관계를 맺을 수 있는 감정 코칭을 시작해보세요. 상대방과의 관계도 부드럽게 만들어주지만 자신의 감정을 조절하는 데에도 효과적이어서 자기 조절 능력을 향상시킬 수 있답니다.

## 감정을 알아차리기

제일 먼저 자신의 감정을 알아차리고 표현해야 합니다. 아이가 감정을 스스로 알아차리기 어려워하면 부모가 아이의 감정을 알아차리고 어떤 감정인지 알려줘야 합니다. 이때 감정을 중심으로 대화를 이끌어가야 합니다. 단, 아이의 행동이나 태도를 바꾸려고 하면 안 됩니다. 그러면 감정 표현 연습이 안 돼요. 온라인 학습을 제대로 하지 않고 부모의 눈을 속여 유튜브를 보고 있는 자녀를 발견했다고 가정해보죠.

**부모**  너 지금 뭐 해? 수업 안 하고 유튜브 보고 있었어?

**아이**  (멈칫)….

**부모**  수업하고 있으랬더니 유튜브는 왜 봐?

**아이**  (짜증을 내며) 내가 알아서 할게.

ㄴ 짜증이라는 감정을 포착

(행동을 바꾸려는 부모)

**부모**  (소리를 높이며) 너, 뭐 잘했다고 말대꾸야? 빨리 안 꺼?

(감정을 알아차리는 부모)

**부모**  (아이가 짜증을 내고 있구나.)


아이가 짜증이라는 부정적인 감정을 표현했을 때 부모가 덩달아 부정적인 감정을 표현하며 행동을 수정하려고 들면 안 됩니다. 아이가 짜증을 내고 있는 상황에만 집중하고 감정을 알아차리면 됩니다.

## 아이의 상황 파악하기

아이가 부정적인 감정을 표현할 때 스트레스를 받는 부정적인 상황으로 인식할지 아이의 성장을 돕는 상황으로 인식할지 선택해야 합니다. 첫 번째 생각해야 할 단계에서는 바로 '아이의 문제인가?' '나의 문제인가?' '문제 없음인가?' 중에서 선택해야 합니다.

감정 코칭이 필요한 때는 아이가 부정적인 감정을 표현할 때가 많습니다. 보통 아이가 짜증을 내거나 화를 내거나 울음을 터트릴 때 부모들도 덩달아 화를 내죠. 그러면 감정 코칭의 좋은 기회를 날려버리는 것입니다. 저도 시행착오를 겪었습니다. '아이의 문제인가?' '나의 문제인가?' '문제 없음인가?' 중에서 문제 없음은 지금 고려할 사항이 아닙니다.

그렇다면 아이가 화를 내는 문제는 아이 문제겠죠? 아이 문제에 부모가 화를 낸다면 그건 부모에게 문제가 있는 거예요. 화를 내는 아이를 보고 누구나 다 화를 내지는 않으니까요. 그러면 부모로서 자신이 왜 화를 내는지부터 찾아야 합니다. 과거의 기억 속에 있는 나 자신의 문제를 직시하고 화해하세요. 마주 보기 싫은 과거를 거울 보듯이 살펴보면서 아이의 문제가 자신의 문제가 되지 않도록 해야 해요. 이 부분을 해결하지 않으면 다음 단계로 나갈 수 없어요.

만약 다음 단계로 넘어가도 거짓으로 들어주는 척해야 하므로 또 다른 상황이 생기거나 같은 상황이 반복될 때 '언제까지 이래야 되나?' 하고는 '나는 안 되나 보다'라며 실망할 수 있습니다. 아이가 부정적인 감정을 표현했을 때 부모의 감정에 아이의 문제가 끼어들지 않도록 해야 감정 코칭이 될 수 있어요. 앞의 상황을 계속 예를 들어 설명해보겠습니다.

**부모** (아이가 짜증을 내고 있구나. 지금이 좋은 기회야.)

(차분한 목소리로) 너 엄마한테 들켜서 좀 당황스러워서 짜증 내고 있는 것 같아.

ㄴ 약속을 어긴 것은 아이의 문제이므로 부모가 화를 낼 문제가 아님

아이의 문제를 부모의 문제로 감정 이입하거나 동일시하면 안 됩니다. 아이의 감정과 부모의 감정을 분리해 생각하세요. 그리고 아이가 부정적인 감정을 표현하는 것은 아이의 문제이지 부모의 문제가 아니라는 것을 기억하기 바랍니다. 아이가 부정적인 감정을 표현할 때는 감정 표현을 배울 수 있는 기회로 삼으세요. 단, 그런 상황에서 '훈육이 필요할까?' '감정을 받아줘야 하는 걸까?'로 헷갈린다면 이렇게 생각해보세요. 다른 사람을 공격하거나 피해를 주는 행동을 한다면, 즉 사회적으로 용인되기 어려운 말과 행동을 한다면 훈육이 필요한 경우이고, 그렇지 않다면 감정 코칭을 해야 하는 경우라고 생각하면 됩니다.

### 감정을 들어주고 공감하기

이제 본격적으로 감정 코칭을 하는 단계입니다. 이때 꼭 필요한 자세는 경청과 공감입니다. 경청이란 적극적 듣기, 즉 아이의 감정과 생각을 잘 들어주는 것을 말합니다. 공감은 인정과 지지를 의미하고요. 부정

적인 감정을 표현하는 아이의 말을 들어주고 인정해주고 지지해준다는 것이 선뜻 이해되지 않을 수 있습니다. 하지만 아이가 이 단계를 잘 거치면 부모가 원하는 행동의 수정을 아이가 스스로 결정할 수 있어요.

**부모**  (차분한 목소리로) 너 엄마한테 들켜서 좀 당황스러워서 짜증 내고 있는 것 같아. 왜 짜증이 났어?

**아이**  (퉁명스럽게) 몰라요.

**부모**  유튜브 보다가 들킨 것 때문에 미안하기도 하고 당황스럽기도 한데 엄마 잔소리가 시작될 것 같아서 짜증 내는 것 같은데 맞니?
　　　└, 아이가 자신의 감정을 알아차리기 힘들어하니까 설명해주면서 이끌어줌

**아이**  맞아요. 저는 잠깐 궁금한 내용이 있어서 유튜브 찾아보던 중이었는데 재미있어 보이는 영상이 있는 거예요. 호기심이 생기니까 저도 안 되는 줄 알면서 눌러서 봤어요.

**부모**  그래, 호기심이 생기는 거 당연하지.
　　　└, 호기심이 생긴다는 아이의 말을 인정해줌

**아이**  네, 호기심이 생겨요. 저도 제가 왜 자꾸 이러는지 모르겠어요.

비난을 줄이고 공감을 해주면 아이들은 자신의 마음을 표현하기 위해 애를 쓰게 된답니다.

### 감정에 이름을 붙이기

이 단계까지 왔다면 감정 코칭의 90퍼센트를 달성한 것입니다. 아이가 표현한 감정에 이름을 붙여주면 감정을 세분화시킬 줄 알게 되고, 다음에도 비슷한 상황에 처했을 때 자신의 진짜 감정을 알아차릴 수 있게 됩니다. 그리고 감정의 차원에서 이성의 차원으로 넘어가게 돼 감정과 이성의 조화를 이루게 됩니다.

**아이**   네, 호기심이 생겨요. 저도 제가 왜 자꾸 이러는지 모르겠어요.

**부모**   너도 엄마와 한 약속을 스스로 지키고 싶은데 그게 잘 안 돼서 부끄럽기도 하고 떳떳하지 못한 마음이 들었구나. 그런 마음은 수치스럽다고 하는 거야.
       └ 감정에 이름을 붙여줌

**아이**   수치스럽다고요?

**부모**   응, 너는 짜증 내는 것으로 표현했지만 사실 네 마음에는 수치스러운 마음이 있는데 그걸 어떻게 표현해야 할지 몰라서 그랬던 거야.

맨 처음에 아이가 짜증이라는 감정만 알았다면 감정 코칭을 통해 '수치스럽다', '부끄럽다'라는 감정까지도 알게 됩니다. 감정의 스펙트럼도 넓어지고 감정을 이해하는 폭도 넓어지게 되는 것이죠.

## 바람직한 행동으로 이끌기

이제 바람직한 행동과 감정을 표출하는 방법을 아이가 스스로 생각하고 결정할 수 있도록 도와주는 단계입니다. 이때 부모님이 대신 결정해주면 안 됩니다. 아이들이 스스로 결정해야 스스로 지키려고 하는 의지가 생깁니다. 책임감도 길러지고요. 이 단계에서는 이런 질문을 할 수 있습니다.

- 네가 가장 원하는 것이 무엇이니?
- 그것을 위해 무엇을 할 수 있을까?
- 그것을 하면 어떻게 될까?
- 내가 한번 제안해볼까?
- 어떤 게 더 좋겠니?

자신과 다른 사람에게 해로운 행동을 선택하면 안 된다는 한계를 아이에게 일러주세요. 그리고 어떻게 행동할지를 결정할 수 있는 다섯 가지 질문을 하면서 아이 스스로 행동을 결정할 수 있도록 도와주세요.

**부모**  응, 너는 짜증 내는 것으로 표현했지만 사실 네 마음에는 수치스러운 마음이 있는데 그걸 어떻게 표현해야 할지 몰라서 그랬던 거야.

**아이**  아, 알겠어요.

**부모**   네가 수치스러운 마음이 든다고 해도 엄마에게 짜증을 내는 건 엄마를 속상하게 하는 일이야. 그렇게는 하지 말아줘. 그럼 이럴 때 어떻게 하는 게 좋을까?

　　　└, 해결책 탐색

**아이**   솔직하게 잘못한 것을 인정하고 다음부터 그러지 않도록 할게요.

**부모**   솔직하게 말해주겠다니 너무 고맙다. 그런데 온라인 수업 때 유튜브를 자꾸 보는 건 어떻게 고칠 수 있을까?

　　　└, 감정의 문제를 해결하면 잘못된 행동에 대한 수정이 쉬움

**아이**   음, 거실에 컴퓨터를 놓을까요? 엄마가 보고 계시면 안 하게 될 수도 있을 것 같아요. 아니면 '온라인 학습을 마치고 유튜브를 보자'라고 모니터에 써 붙일까요?

**부모**   너는 어떤 게 더 좋겠니?

**아이**   제 생각에는 거실에 컴퓨터를 놓는 게 좋을 것 같아요. 아무래도 엄마가 옆에 계시면 긴장해서 안 할 수 있을 것 같아요.

**부모**   그래, 좋은 생각이야. 그렇게 하자.


자신의 감정을 부모가 이해하고 그것이 어떤 감정이었는지 알아차리게 되면 행동의 수정 방법은 아이와 부모가 함께 결정하기 쉬워진다는 것을 기억하세요.

지금까지 가상의 시나리오로 감정 코칭을 해본 것이므로 현실에서

는 이렇게 대화가 흘러가지는 않을 겁니다. 하지만 많은 학부모가 온라인 학습 때문에 아이와 비슷한 문제들로 갈등하고 있을 거라고 예상됩니다. 지금이 바로 감정 코칭을 배울 수 있는 절호의 기회라고 생각해 시나리오를 적어봤어요. 가정에서 아이들과 감정 싸움을 하고 있을 학부모들에게 도움이 되면 좋겠습니다. 아이가 부모에게서 감정 코칭을 받고 나면 다른 사람에게도 적용할 수 있어요. 아이는 부모의 말투를 배워가기 마련이거든요.

저도 아이와의 갈등 때문에 엄청나게 괴로워했습니다. 감정 코칭의 5단계를 알게 되어 제 몸에 익히는 데까지 2년 정도의 시간이 걸렸어요. 지금 당장 온라인 수업 때문에 싸우고 있는데 2년이나 걸린다면 너무 늦지 않냐고 불만을 가질 수 있습니다. 하지만 걱정하지 않아도 됩니다. 감정 코칭이 어색하지 않게 잘되기까지 2년이 걸렸을 뿐, 그 사이에도 차츰 차츰 좋아지면서 한 단계씩 발전할 수 있어요. 지금 부모가 아이의 감정을 알아차려주기만 해도 아이의 표정은 분명 달라집니다. 아이도 부모도 달라진 학습 환경 때문에 적응하느라 힘들기는 마찬가지거든요.

나와 너를 강하게 만드는
긍정의 연습

▶||

## 실패를 통해 배우는 자세 갖기

온라인 학습을 하면서 많은 학부모가 과제 때문에 스트레스를 받는 다는 이야기를 지인에게서 들었습니다. 과제가 많아 아이가 힘들어하 는 줄 알았는데 정작 학부모들이 아이들의 과제를 해주느라 힘들고 스 트레스를 받는다는 사실에 교사로서 놀랐습니다. 아이가 혼자서 과제 를 하다가 짜증을 냈거나, 과제를 하지 않고 있는 모습을 보고 답답해서 학부모들이 직접 과제를 하는 것이라고 생각했습니다. 그리고 초등학 생도 아닌데 학부모가 숙제를 하게 됐으니 화도 날 거라고 생각이 들더 군요.

하지만 이렇게 생각해보면 어떨까요? 아이들을 도와줘야 할 경우는 아이가 스스로 무엇을 어떻게 해야 할지 모를 때입니다. 반면 아이들을 도와주지 말아야 할 경우는 과제를 하기 싫어하거나 과제를 하다가 짜 증을 내는 때입니다. 과제를 하기 싫다는 것은 생각하기 싫다는 것이고 과제를 하다가 짜증을 내는 경우는 실패했거나 자신의 생각보다 잘 이뤄지지 않기 때문입니다. 그런 고비를 넘겨야 학습에 꼭 필요한 메타 인지를 키울 수 있다는 것을 기억해두세요.

바너드 칼리지의 리사 손 교수도 메타 인지 학습법을 강조합니다. 특히 메타 인지를 키우려면 스스로 조절할 수 있는 능력이 필요한데, 아이가 직접 실천해보면서 실패하는 경험을 해봐야 터득할 수 있다고 강조합니다. 무엇이든 실패해보지 않으면 자신이 무엇을 모르는지 알 수 없고, 또 어떻게 해야 하는지 모르기 때문이죠. 그건 학부모도 마찬가지입니다. 대체로 많은 학부모가 아이들의 학습에 대한 불안감을 가지고 있습니다.

"우리 애만 뒤처지면 어떡하지?"
"이걸 또 틀렸어?"
"제대로 하고 있는 거 맞아?"

이런 불안감을 가지고 있는 부모는 자신의 불안을 아이에게 그대로 투사하게 돼 있습니다.

"우리 애만 뒤처지면 어떡하지?" ➡ "너 이거 꼭 해야 돼!"
"이걸 또 틀렸어?" ➡ "아직도 모르니?"
"제대로 하고 있는 거 맞아?" ➡ "이 학원 갔다가 저 학원 갔다가 …."

이런 불안감은 모두 아이를 사랑하는 마음 때문에 생겨난 것들이죠. 무엇이든 척척 할 수 있고 성공하는 아이로 자라게 해주고픈 마음 때문입니다. 하지만 메타 인지에 대한 실험 결과를 보면 대체로 자신의 실제 능력 혹은 자신이 실제로 아는 지식의 양과 자신의 느낌 사이에 존재하는 괴리(격차)를 자주 경험해보지 않으면 메타 인지를 결코 키울 수 없다고 합니다. 즉, 자신이 안다고 생각했지만 실제로는 알고 있는 것이 아니라는 사실을 스스로 깨닫는 확인과 실패의 경험을 통해 진짜 지식을 알게 됩니다. 이를 통해 자신의 능력을 확장시켜나간다는 것이죠.

이때 아이마다 배우는 속도가 다르기 때문에 부모의 입장에서는 답답할 수 있습니다. 그래서 불안해지기도 하고요. 하지만 아이가 무언가를 배우려면 스스로 실패해보고 자신이 무엇을 알고 무엇을 모르는지 경험해봐야 합니다.

언젠가 같은 학교에 근무하는 선생님이 부모님으로부터 민원을 접수했다고 했습니다. 코로나19로 인한 온라인 학습 기간에 학부모가 대신 과제를 해주느라 힘드니 더 이상 과제를 내주지 말라는 내용이었습니다. 제게도 온라인 학습과 과제의 양에 대한 불만을 토로하는 분들이 많아요. 그런 학부모들에게 아이가 힘들어하는지를 묻자 아이보다는 자신들이 더 힘들다고 하더군요. 아이들이 서투르게 가위질을 하는 것을 보고 있기도 답답한데, 학습 꾸러미 과제로 접고 오리고 그리고 붙이는 것들이 한가득이어서 폭발할 지경이라고까지 하셨습니다.

아이들의 그런 서투른 모습은 너무나 당연합니다. 교실에서도 아이들과 함께 접고 오리고 그리고 붙이기만 해도 두 시간이 훌쩍 지나갑니다. 교사들이야 늘 아이들을 가르치는 직업이라지만, 그동안 아이들이 학습하는 모습을 직접 보지 못한 학부모 입장에서는 "내가 밥하기도 바쁜데 교사의 일까지 해야 되나?" 하며 화를 낼 만도 합니다.

교사들은 아이들이 처음부터 잘하지 않는다는 것을 잘 알고 있습니다. 그러니 가정에서도 아이들이 하지 못하는 과제들을 다 해주지 않아도 됩니다. 잘하든 못하든 아이들 스스로의 힘으로 과제를 해내는 것이 중요합니다. 리사 손 교수의 실험에서도 과제를 수행하는 동안 실수를 한 그룹과 실수를 하지 않은 그룹의 학습 성취도를 살펴보면 실수를 한 그룹이 실수한 부분을 잘 기억하고 있었다고 해요. 실수를 통해서 더 많이 배운다는 사실을 증명한 셈이죠.

## 회복탄력성을 키우는 네 가지 원칙

자신의 자녀를 행복한 영재로 키워낸 칼 비테는 자녀를 가르칠 때 몇 가지 원칙을 두었다고 합니다.

① 비난의 횟수를 줄여라
② 비난의 범위를 좁혀라
③ 비난의 강도를 줄여라
④ 비난의 대안을 찾아라

실수도 실력이라는 말 때문에 아이들이 실수하지 않기를 바라는 마음은 잠시 접어두도록 하세요. 대신 실수를 통해 배워 아이들이 잘 깨우쳐나가길 바란다면 칼 비테의 원칙을 생각하면서 자녀에게 이렇게 표현하도록 노력해보세요.

① 비난의 횟수를 줄여라

"글씨가 이게 뭐야?" ➡ "글씨 쓰느라 힘들었어?"

② 비난의 범위를 좁혀라

"처음부터 다시 써!" ➡ "그래도 알아볼 수 있도록 둘째 줄은 다시 쓰자."

③ 비난의 강도를 줄여라

"내가 정말 너 땜에 못살아!" ➡ "요것만 고치면 돼."

④ 비난의 대안을 찾아라

"글씨 좀 똑바로 써!" ➡ "모음자는 길게, 자음자는 반듯반듯하게! 알지?"

사람은 참 연약한 존재입니다. 처음부터 잘할 수 있는 게 별로 없죠. 그만큼 아이들에게는 세심한 배려가 필요합니다. 학습도 마찬가지예요. 아이가 실수했을 때 다시 배우도록 격려하고 응원해주는 것이 부모의 역할이라고 생각해요. 무엇보다 아이들에게 실수는 다시 고치면 되고 노력으로 결과를 바꿀 수 있다는 믿음을 심어주세요. 모든 사람이 처음부터 걷기를 잘했던 것은 아닙니다. 한 걸음을 떼는 것만으로도 기특해서 넘어지면 잡아주고 격려하고 응원을 반복할 때 아이는 수십, 수백 번을 실수해도 눈치 보지 않고 일어설 수 있고 비로소 걷게 됩니다.

미국 야구 역사상 가장 유명한 선수는 베이브 루스일 겁니다. 그는 714개의 홈런을 쳐서 1976년까지 세계의 최고 홈런 타자로 기록됐습니다. 공을 치기 전에 자신이 홈런을 칠 방향을 방망이로 가리키는 예고 홈런은 너무나도 유명한 퍼포먼스죠. 그런데 베이브 루스가 홈런왕이라는 것을 아는 사람은 많아도, 스트라이크 아웃의 기록도 함께 보유하고 있는 것을 아는 사람은 그리 많지 않습니다. 그는 자그마치 1,330번의 스트라이크 아웃을 당했습니다. 많은 야구 전문가들은 그 기록을 깨기란 그가 홈런을 친 것만큼 어렵다고 입을 모읍니다. 714개의 홈런을 치기 위해 1,330개의 삼진이 필요했다는 것이죠. 그리고 1,330개의 실수는 그를 미국 역사상 가장 위대한 야구선수로 만들었습니다.

실수가 두려워 실수하지 않는 사람은 결코 목표를 이룰 수 없습니다. 우리가 그렇게 요구하는 창의성도 실패와 실수를 염두에 둔 것입니다. 획기적인 아이디어는 어느 날 갑자기 감나무에서 감이 떨어지듯 뚝 떨어지는 것이 아닙니다. 실패하고 또 실패해도 다시 도전하는 모험심으로부터 생기는 결과물입니다.

혁신의 아이콘이라 불리는 스티브 잡스도 전 세계를 깜짝 놀라게 한 아이폰을 만들기 이전에 수많은 실패를 겪었습니다. 그가 만든 제품 중에는 역사상 가장 흉측한 제품 1위로 꼽힌 제품도 있을 정도예요. 그는 실패를 무척 싫어했지만 실패를 두려워하지는 않았습니다. 그런 도전 정신 덕분에 우리가 지금 아이폰을 손에 쥘 수 있게 된 것입니다.

누구라도 실수한 다음에 실수를 통해 배워나가야 한다는 사실을 잊지 않았으면 좋겠습니다. 수백, 수천 번의 실수를 겪는다고 해도 달라지지 않는 법칙입니다. 지금 우리의 방을 환히 비춰주는 전구도 에디슨이 9,999번이나 되는 실수 끝에 성공한 결과로 탄생한 축복이잖아요. 실수할 수 있고 실패할 수 있음을 알려주는 부모의 유연성이 자녀에게 긍정의 마음을 심어주고 다시 해낼 수 있는 용기를 줍니다.

회복탄력성이라는 말이 있습니다. 실패해도 다시 해보려고 하는 마음, 실패를 딛고 일어서는 마음을 아이들이 기를 수 있도록 도와주세요. 아이가 부정적인 감정의 물꼬를 트고 부정적인 감정의 웅덩이를 만들면 아이의 마음은 부정적인 감정만으로 가득 찬 감정의 하수구가 될 뿐입니다. 아이가 긍정적인 감정의 물꼬를 트고 긍정적인 감정의 웅덩이를 만들어 아이의 마음속에 긍정의 연못을 만들 수 있게 도와주세요.

## 입버릇부터 시작하는 긍정의 언어 습관

학교에서 아이들에게 어떤 과제를 시켜보면 자주 듣는 말이 있습니다. 바로 "망했다!"입니다. 네, 아이들은 "망했다!"라는 말을 굉장히 많이 써요. 요즘에는 "폭망(폭삭 망했다)!"이라는 말로 더 심화됐어요. 이런 말을 들으면 어떤 기분이 드나요? 정말 망할 것 같은 기분이 들지 않나요?

나이가 지긋한 어른들 사이에서 자주 하는 농담이 있습니다. 우리나라가 1960~1970년대에 비약적인 경제 발전을 이룰 수 있었던 것은 바로 엄마들의 말 때문이라고요. 당시는 먹을 것도 입을 것도 변변찮고, 난방 시설도 잘 갖춰져 있지 않아서 아이들이 그렇게 콧물을 많이 흘렸다고 합니다. 그래서 엄마들이 아이들의 코를 잡고 매일 "흥해라, 흥!" 하고 외친 덕분에 우리나라가 아주 흥하며 발전을 이루었다네요. 물론 농담이긴 해도 들을수록 기분이 좋아지는 말이긴 합니다.

자크 라캉은 무의식을 알고 이해하려면 언어의 사용을 살펴봐야 한다고 말했습니다. 누군가의 생각과 행동을 짐작할 때 언어만큼 직접적인 판단 기준이 없는 것 같아요. 실제로 학교에서 "망했다"와 같은 부정적인 말, 예를 들어 "전 못해요." "어차피 못하니까요." 같은 말들은 성취도가 낮은 학생들이 더 많이 씁니다.

왜 그럴까요? 바로 악순환의 고리에 올라타 있기 때문입니다. 그러면 조금만 어려워도 포기하고 말아요. 더 이상 어떤 일도 제대로 해낼 수 없고, 그로 인해 다시 포기하기를 반복하면서 부정적인 말과 부정적인 생각에 완전히 빠져버리게 된 것입니다. 이러한 고리에서 벗어나려면 말을 먼저 바꿔야 해요.

그런데 조금만 틀리거나 실수해도 모든 것이 끝난 것처럼 "망했다"고 말하는 것은 아이들만이 아닌 것 같습니다. 구글에 "망했어요"를 검색하기만 해도 "망했어요 이모티콘", "망했어요 브금", "망했어요 의미(외국인도 물어보나 봐요)", "망했어요 나무위키", "망했어요 노래", "망했어요 노래 저장" 등 연관 검색어가 수없이 등장하더군요. 반면 "잘했어요"를 검색해보면 연관 검색어가 "잘했어요 이모티콘", "잘했어요 스티커", "잘했어요 띄어쓰기", "잘했어요 의미" 정도밖에 나오지 않았습니다. 그만큼 힘들고 절망스러운 상황들이 많아서 그런가 봐요.

저는 "망했다!"라는 표현을 "실수했어요. 다시 할게요."라고 말해보는 것을 추천합니다. 이 말은 듣는 사람에게 긍정적인 의미로 들리기 때문이에요. 듣는 사람에게 긍정적이라면 말하는 사람에게도 비슷한 의미일 겁니다. 『부자 아빠 가난한 아빠』를 쓴 로버트 기요사키는 " '어떻게 하면 할 수 있을까?' 하는 긍정적인 질문은 우리의 머리를 열어 결국 답을 찾을 수 있게 만들고 가능성과 성공으로 이어진다."고 말했습니다. 『긍정심리학』을 쓴 마틴 셀리그만 또한 무기력, 우울증에서 벗어날 수 있는 언어 치료법을 개발해 무기력과 우울증을 벗어날 수 있는 방법을 제시해줬습니다. 언어를 바꾸면 생각과 행동이 바뀔 수 있다는 것이 증명된 셈이죠.

아이의 언어를 바꿀 수 있는 사람은 누구일까요? 바로 학부모입니다. 이제부터는 "바꿔라, 바꿔라." 하지 말고 학부모 스스로 바뀐 말을 사용하면 됩니다. 성경을 보면 "항상 기뻐하라."라는 말이 있습니다. 어떻게 사람이 항상 기뻐할 수 있겠어요. 슬픔이 가득한 상태에서 기뻐하기란 정말 어려운 일일 겁니다. 화가 가득하고 짜증이 날 때 기뻐하는 게 가능할까요? 부정적인 생각으로 가득한 사람은 기뻐하는 것이 정말 힘들 수밖에 없어요. 하지만 긍정을 선택하면 모든 것이 달라집니다. 기쁨을 선택하는 말을 자신의 입으로 직접 해보면 조금씩 생각과 마음의 상태가 바뀌는 것을 느끼게 될 겁니다.

『리딩으로 리드하라』를 쓴 이지성 작가는 그의 또 다른 책『꿈꾸는 다락방 - 실천편』에서 언어로 상황을 바꿀 수 있는 방법에 대해 이야기했습니다. 바로 긍정의 말을 스스로에게 반복해서 말하는 것입니다. 이상한 나라의 앨리스 속 명대사인 "불가능한 것을 이루는 유일한 방법은 가능하다고 믿는 거야."를 직접 소리 내어 읽어보세요. 이 방법은 단순히 소망이나 꿈을 정해놓고 아무것도 하지 않은 채 현실을 바꿔보려는 단순한 낙관론자를 벗어나는 가장 쉬운 방법입니다. 말을 바꿔 무의식을 바꾸고 행동까지 바꾸는 아주 구체적인 방법이죠.

저 또한 제가 책을 쓰게 될 거라고는 생각지도 못했습니다. 그리고 이만큼의 분량을 채워나갈 줄도 몰랐고요. 제가 이렇게 책 쓰기를 지속할 수 있었던 것은 "나는 책을 출간할 거야." "나는 책을 출간할 수 있어."라고 끊임없이 제게 이야기했기 때문입니다. 어느 순간 불타오르는 열정이 생겨서 한 줄 한 줄 가열차게 쓰기 시작한 것이 아닙니다. 한 줄 쓰기 어려운 날도 있었고, 몇 페이지 썼다가 며칠 후에 모두 지워버린 날도 있었습니다. 하지만 아무리 좌절하고 힘들었어도 그때마다 다시 되뇐 한마디가 바로 "나는 책을 출간할 거야." "나는 책을 출간할 수 있어."였습니다. 그리고 지금도 저는 제가 말하는 내용을 스스로 증명해 보이겠다는 각오로 쓰고 있어요. 그러니 여러분도 긍정의 힘을 믿어보세요.

나와 우리를 성장시키는
책임감 연습

▶||

초동 온택트 공부법

## 스스로 약속을 지키는 실천의 고수

인간관계에서 책임감이 중요한 이유는 무엇일까요? 한 대기업에서 260명의 사원에게 설문 조사를 실시했는데 함께 일하기 싫은 사람으로 책임감 없는 사람이 1위를 차지했습니다. 자신이 해야 할 일을 다른 사람에게 미루고 이리저리 핑계를 대는 사람은 누구라도 함께하고 싶지 않을 겁니다. 학교에서도 친구들이 제일 사귀기 싫어하는 유형 중 하나예요. 청소 당번이면서 은근슬쩍 넘어가려는 아이, 자신이 실수를 했어도 큰소리 뻥뻥 치면서 웬 잔소리냐는 아이, 모둠 활동을 해야 하는데 함께 참여하지 않고 무임승차 하려는 아이…. 책임감이 없는 아이들은 다른 친구들도 좋아하지 않아요. 그런 아이는 당연히 인간관계에서도 손해를 보게 됩니다.

온택트 학습에서 책임감은 어떻게 기를 수 있을까요? 우선 책임감은 자신과의 약속을 지키는 것에서부터 시작할 수 있습니다. 강철왕 앤드

류 카네기는 "자기와의 약속을 어기는 사람은 남과의 약속도 쉽게 저버릴 수 있다."고 말했습니다.

스스로 지키기로 한 약속을 처음부터 잘 지킨다면 더할 나위 없이 좋을 겁니다. 하지만 모든 약속을 지키기란 말처럼 쉬운 일은 아닙니다. 물론 학부모부터 약속을 꼭 지키는 모습을 아이들에게 보여주는 것이 가장 중요합니다. 고학년이든 저학년이든 똑같습니다. 부모가 자녀와의 약속을 중요하게 여기고 반드시 지킨다면 아이도 약속을 소중하게 생각하는 것은 너무나 당연한 일입니다.

약속을 잘 지켰던 위인들의 이야기를 들려주는 것도 좋은 방법입니다. 도산 안창호 선생의 일화는 너무나 유명합니다. 1932년 4월 29일, 안창호 선생은 윤봉길 의사가 상하이 홍커우 공원에서 있었던 일왕 생일 축하식에 폭탄을 투척한 사건으로 일본 경찰에 체포될 위기에 몰렸습니다. 그러던 중 한국인 소년 동맹의 5월 어린이 행사에 약속한 기부금 2원을 전달하기 위해 소년 동맹 위원장 이만영 군의 집을 방문했다가 체포되고 말았습니다. 충분히 도피할 시간이 있었지만 안창호 선생은 소년과의 약속을 소중히 여겼고, 약속을 잘 지키는 것이 우리나라를 부강하게 만드는 길이라고 생각했던 것입니다.

온라인 학습을 하는 과정에서도 아이들과 함께 반드시 지키고자 하는 약속을 한 가지 정해보세요. 온라인 학습을 할 때는 생활 습관이 흐트러지고 게을러질 가능성이 높죠. 그렇다면 '아침 7시 30분에는 꼭 일어나기', '유튜브와 게임 시간은 하루에 1시간만'처럼 아이들의 다짐을 받아두는 겁니다. 아주 쉽게 지킬 수 있고 '+1' 정도의 자극만 줄 수 있는 다짐이라도 일단 그 내용은 구체적이어야 합니다. '온라인 학습을 열심히 하겠다', '유튜브와 게임은 조금만 하겠다' 같은 다짐들은 모호하기 때문에 잘 지킬 수 없게 됩니다. 너무 거창한 다짐들은 쉽게 포기하게 될 뿐이고, 너무 간단한 다짐들은 쉽게 무시해버리고 말죠.

약속 지키기는 자신의 작은 다짐들을 꾸준히 실천하기 위한 시작입니다. 방학 생활 계획표를 짜보라고 하면 "선생님, 어차피 지키지도 않는데 계획은 왜 짜나요?"라고 물어보는 아이들이 있어요. 아마도 계획을 제대로 실천해본 경험이 없는 아이들이 그런 말을 쉽게 합니다. 지키지도 않는 계획이라면 애초에 짤 필요조차 없겠죠.

만약 아이가 약속을 어기려고 하면 다시 약속을 떠올릴 수 있게 부모님들이 살짝 자극을 주세요. 아이들 중에는 단순히 약속을 언급해주기만 해도 잘 지키는 아이들이 있어요. 아이를 어르기도 하고 달래기도 하면서 자신과의 약속을 딱 일주일만 지킬 수 있도록 도와주세요. 그리고 약속을 지킨 아이에게 작은 보상을 해주세요. 약속을 지켰다는 뿌듯함도 느낄 수 있고 약속의 중요성도 깨닫게 될 겁니다.

저와 제가 가르치는 아이들은 약속을 대부분 지킵니다. 학교 전체의 일정 때문에 지키지 못하거나 갑작스러운 일 때문에 지킬 수 없는 경우가 간혹 있기 때문이죠. 한번은 방학 계획표를 세우고 잘 실천한 친구들에게 작은 선물을 주겠다고 약속한 적이 있습니다. 그러자 한 아이의 눈빛이 반짝였어요. "우와~! 선생님 정말이에요? 저 해볼래요."라고 말하더군요. 사실 저는 그 남학생이 그렇게 반응할 줄 몰랐습니다. 그래서 실천의 3수를 들려줬습니다.

**실천의 3수**

| 실천의 고수 | "선생님이 안 보셔도 나는 실천해볼 거야! 나랑 한 약속도 중요하니까!" |
|---|---|
| 실천의 중수 | "선생님이 선물 주신대! 우와~! 그 선물 받고 싶어! 약속 지켜봐야지!" |
| 실천의 하수 | "약속해봤자, 어차피 못 지켜~! 지킨다고 해서 크게 달라질 것도 없어." |

저는 그 아이에게 실천의 고수가 되기 위해 노력해보라고 조언해줬습니다. 아이는 자기가 좋아하는 색종이 접기를 이용해 작품을 만들어 오겠다고 했어요. 방학이 끝날 때쯤 그 아이가 떠올랐어요. 과연 자기와의 약속을 잘 지켰을지, 아니면 포기했을지 궁금해졌죠. 제가 했던 약속을 기억할지도 궁금했습니다.

개학 날, 아이는 색종이 접기 작품이 아니라 구슬 비즈 작품을 들고 왔습니다. 그 이유가 궁금해 아이에게 물어보자 이렇게 대답하더군요.

"색종이 접기를 해보려고 했는데, 생각보다 잘 되지 않아서 포기하려 했어요. 그런데 엄마가 구슬 비즈를 만들어보자고 해서 엄마하고 같이 만들었어요. 이틀이 걸렸어요. 저 약속 지킨 것 맞나요?"

방학 동안 자신이 만든 작품을 들고 제게 말하는 아이의 모습이 얼마나 기특했는지 모릅니다. 자기와의 약속이자 저와의 약속을 반드시 지키고 싶었다는 게 느껴졌습니다. 제가 아이와 약속했던 선물을 준비하지 않았다면 얼마나 실망했을지 상상이 되질 않습니다. 그러나 개학 날에 가져가려 했던 선물을 깜빡하고 제가 들고 가지 않은 겁니다. 약속을 지킨 아이에게 너무나도 미안한 마음에 제가 선물을 두고 온 이유를 설명해주고 다음 날 격려와 함께 보상을 해주었어요. 비록 작은 선물에 불과했지만, 약속에 대한 보상을 받은 아이에게는 작지만은 않았으리라 생각합니다.

## 집안일을 돕는 아이에게 생기는 변화

코로나19 때문에 온라인 학습, 재택근무가 일상화되면서 엄마들은 삼시 세끼는 물론이고, 빨래며 청소며 가릴 것 없이 늘어난 집안일 때문에 스트레스를 많이 받으며 지내고 있습니다. 돌밥이라는 말이 생길 정도죠. '돌아서면 밥, 돌아서면 밥'을 차려야 하는 지금의 엄마들을 보며 하루에도 몇 번씩 식사 준비를 하고 도시락을 싸야 했던 제 어머니 세대들이 얼마나 힘드셨을지를 돌아보게도 됩니다.

아이들이 집에 머무는 시간이 늘어나면서 아이도 집안일에 동참할 수 있는 시간이 많아졌죠. 1981년에 조지 베일런트 교수는 11~16세 아동 456명을 35년간 추적 조사한 연구를 통해 집안일과 학업 성취도의 연관성을 밝혔습니다. 연구 결과 어릴 적부터 집안일을 경험한 아이들이 성인이 돼 성공한 삶을 사는 경우가 많았다고 합니다. 집안일을 통해 얻은 성취감과 책임감을 토대로 사회에서도 성공하는 경험을 쌓을 수 있었다는 것이죠. 로버트 프레스먼 박사도 『숙제의 힘』에서 집안일을 하는 아이들이 학교 성적도 좋고 시간 관리도 효율적으로 한다고 밝히고 있습니다. 아울러 일정을 관리하지 않는 아이, 집안일을 하지 않는 아이, 물건을 잘 정리하지 않는 아이, 정기적으로 과외 활동을 하지 않는 아이, 생산적인 습관이 확립돼 있지 않은 아이는 대체로 시간 관리 습관을 익히지 못한다고 강조합니다.

그런데 막상 이런 말들을 들으면 오히려 마음이 홀가분해지지 않나요? 내 아이의 공부를 위해 집안일하다, 엄마표 공부를 하다 이제는 온라인 수업까지 봐주느라 힘들고 지친 학부모들에게는 더없이 기쁜 정보일 거라고 생각됩니다. 집안일을 아이에게 넘겨줘도 된다는 생각에, 그 일이 아이를 성장시킨다는 생각에 마음속으로 쾌재를 외치고 있을 학부모들이 눈에 선합니다. 모르긴 몰라도 대부분의 엄마들이 아이들에게 집안일을 시키지 않고 있을 겁니다.

아이가 자기 방 청소라도 스스로 하면 감지덕지할 엄마들이 많다는 것을 누구보다 잘 알고 있습니다. 저도 사실 보통의 엄마에 지나지 않기 때문이죠. 여기저기 벗어놓은 옷가지들을 마주하는 날이 비일비재하고, 아이들이 쌓아놓은 설거지거리도 매일같이 맞닥뜨리곤 합니다. 아이들이 집안일을 알아서 해주는 건 어버이날에만 있는 이벤트는 아닐지 아련하기만 합니다. 그런데 그런 집안일을 아이들에게 시켰을 때 책임감, 성취감, 시간 관리 능력까지 생긴다고 하니 이것이야말로 일석 삼조의 효과가 아닐까요?

　물론 무엇이든 스스로 할 수 있는 여건을 마련해주고 방법만 알려준 다면 나이가 몇이든 아이들이 자신을 돌보는 일이나 간단한 집안일 정 도는 할 수 있다는 것을 체험적으로 알고 있습니다. 실제로 저희 집 아 이들은 다섯 살 때부터 친척집을 가거나 여행을 갈 때 자기 짐은 스스로 싸는 훈련이 돼 있어요. 각자의 캐리어를 구입해 나눠주고는 여행 기간 에 맞게 자신이 입고 싶은 옷, 챙겨야 할 물건들, 가방 정리하는 법을 알 려줬습니다. 그 뒤로는 지금까지도 아이들이 스스로 짐을 싸고 있죠.

　하지만 저도 막상 집안일은 아이들에게 시키지 않게 되더군요. 그런 데 어느 날 남편이 무선청소기를 구입하고서 아이들에게 당번제로 집 안 청소를 시키면서 상황이 달라졌습니다. 처음엔 아이들이 무선청소 기에 호기심을 보이면서 적극적이었지만 몇 달 지나고 나니 그것도 시 들해졌습니다. 하지만 남편은 아이들을 바짝 긴장시키며 청소만큼은 각자 맡아서 하도록 규칙을 정했죠. 지금 이 책을 보고 있는 엄마들도 한번 시도해보세요. 아이들에 대한 칭찬이 절로 나올뿐더러 엄마들을 진짜 편하게 해주는 길이에요. 그럼 자연스레 아이들과의 관계가 좋아 질 수밖에 없습니다.

　내친 김에 둘째 아이의 이야기를 조금 더 해보려고 합니다. 온라인 학습을 하게 된 이후 삼시 세끼를 집에서 해결하다 보니 저희 집에도 설 거지거리가 쏟아지기 시작했습니다. 저를 보고 자발적으로 설거지하 는 기특한 모습을 보여주던 우리 둘째 아이, 요 꼬맹이가 갑자기 올 초에 학급 회장에 나가보고 싶다고 하더라고요. 사실 작년에도 의지는 있었지만 나가지 않았는데 그게 못내 아쉬웠던지 올해는 나가보고 싶다고 했어요. 그래서 그러라고 했죠. 회장은 아니었지만 학급 부회장에 당선이 됐습니다. 자신감을 얻은 아이는 전교 부회장에도 나가보고 싶다고 했습니다. 5학년이니까 전교 부회장에 나갈 수 있었죠. 반신반의하며 나가보라고 했는데 상당히 적극적이더라고요. 아이는 직접 디자인해 포스터를 만들고, 연설문도 아빠와 같이 의논해서 써보고, 연습도 열심히 하더니 결국 당선이 돼 너무나 기뻐했죠. 아이가 당선된 일이 집안일과 꼭 관련이 있다고 말씀드릴 순 없겠지만, 사소한 집안일 하나라도 책임지는 모습을 보이는 아이는 분명 스스로 자기만의 영역을 넓혀갈 수 있다는 희망적인 메시지로는 충분하다고 생각합니다.

나와 우리가 모두 행복해지는
나눔 연습

▶ ‖ ─────────────────────●───

## 이타적인 아이로 키우는 성품교육

인지심리학자인 아주대학교 김경일 교수는 몇 년 전 EBS에서 의뢰한 상위 0.1퍼센트 학생들의 비밀을 파헤치는 교육 실험을 통해 알게 된 사실이 있다고 합니다. 강연을 듣던 저는 귀가 쫑긋해지며 그 내용을 받아 적을 준비를 하고 있었습니다.

"그 아이들은 바로 이타적인 아이들이었습니다."
"부모 학력에서도 차이 나지 않았습니다."
"아이들의 IQ에서도 차이 나지 않았습니다."
"이타성이 압도적으로 높았습니다."

그리고 흥미로운 연구 결과를 하나 더 언급했습니다. 미국 역대 대통령의 성격을 프로파일링 한 결과, 절반 이상의 대통령들에게서 사이코

패스적 기질을 발견했다고 합니다. 역대 대통령과 사이코패스의 공통점은 바로 '전권을 잡고 주무르고 싶은 욕구'였다고 해요. 하지만 한 그룹은 대통령이 됐고 한 그룹은 사이코패스가 된 요인은 무엇이었을까요? 김경일 교수에 따르면 "대통령이 된 사람들은 사회적으로 이타적인 사람으로 자라는 성품의 훈련이 돼 있었다."고 합니다. 이타적인 사람, 즉 다른 사람을 배려할 줄 아는 사람으로서의 훈련이 돼 있었던 것이죠. 다시 말해, 성격과 기질은 상관이 없다는 것입니다. 성격과 기질은 변하지 않아요. 하지만 성품은 달라질 수 있죠. 바로 양육과 훈련으로 말이죠.

기질과 성격, 성품의 차이를 먼저 이해하고 넘어가도록 하죠. 기질이란 '내성적', '외향적', '다혈질', '우울질', '점액질', '담즙질' 같은 개인의 고유한 요소로서, 부모님으로부터 물려받은 선천적인 부분입니다. 요즘 유행하는 MBTI나 에니어그램도 사람의 기질을 다루고 있어요. 성격은 유전적으로 타고난 기질이 다른 사람에게 보이는 부분입니다. 외향적이면 적극적인 성격, 내향적이면 수줍음이 많은 성격으로 보이는 것처럼 말이죠. 다음으로 성품은 타고난 기질과 성격 위에 좋은 경험을 하고 가치를 교육받아 품위 있게 변화된 상태를 말합니다. 이러한 정의만 봐도 기질과 성격은 변하지 않지만 성품은 변화될 수 있다는 것을 알 수 있습니다.

앞서 언급한 좋은나무 성품학교에서는 12가지 성품 훈련을 바탕으로 프로그램을 만들어 아이가 어렸을 때부터 성품을 훈련할 수 있도록 돕고 있습니다. 경청, 순종, 감사, 배려, 기쁨, 긍정적인 태도, 인내, 지혜, 정직, 창의성, 절제, 책임감 등의 12가지 성품에 관한 율동과 노래를 배우고 각 성품을 잘 훈련한 위인들의 이야기를 들으며 다양한 놀이를 통해 성품을 키워나가는 프로그램입니다. 저도 개인적으로 좋은나무 성품학교의 프로그램을 활용해 제 아이들의 성품 훈련에 많은 도움을 받을 수 있었습니다. 주로 유아원이나 유치원을 다니는 아이부터 초등학교 저학년까지 도움을 받을 수 있어요. 3학년부터는 다소 유치하게 느낄 수 있는데, 프로그램의 가치까지 유치한 것은 아닙니다.

고학년도 성품을 훈련하고 배우기에 늦은 것은 아닙니다. 성인까지도 성품 교육을 받을 수 있어요. 고학년들에게는 율동보다는 주로 위인전을 읽게 하는 것이 좋습니다. 전직 초등학교 교사였던 이지성 작가도 중학생이 되기 전에 초등학생이 꼭 읽어야 할 책이 바로 위인전이라고 강조했습니다. 『당신의 아이는 원래 천재다』에서 위인전을 읽은 후 변화된 놀라운 경험들을 밝히고 있죠. 저도 현재 초등교사이지만 아이들에게 위인전의 가치를 강조하며 읽게 한 적이 없었는데, 좋은 방법이라고 생각합니다.

### 공부의 진짜 목적을 찾기

대부분 이타심과 학업 성적의 연관성을 피부로 느끼지 못할 거라고 생각합니다. 김경일 교수도 상위 15퍼센트의 아이들 중에는 이타심과

거리가 먼 아이들도 있다고 했습니다. 반면 0.1퍼센트의 아이들은 압도적으로 이타적이라는 결과가 있다고 합니다. 0.1퍼센트라는 수치는 근처 고등학교 네 곳에서 각각 1등을 하는 아이들을 의미합니다. 굉장히 공부를 잘하는 아이들이죠. 그런데 어떻게 그 아이들이 이타적일 수밖에 없다는 것일까요? 그건 그 아이들이 남을 도와주는 공부를 했기 때문입니다. 바로 다른 사람을 도와주겠다는 의지에서 시작되는 것입니다.

『그릿』의 저자 앤절라 더크워스 박사는 그릿이 강한 사람들은 흥미와 높은 목적의식을 통해 성숙한 열정을 드러낸다고 강조합니다. "나도 사회에 기여하고 있다."는 태도는 나의 성공도 실현하면서 타인의 행복을 추구하는 행동으로 나타나게 되죠. 김경일 교수도 내가 배워서 남에게 주자는 생각으로 배울 때 다양한 친구들을 경험하게 된다고 해요. 또 다양한 친구들에게 가르쳐주고 설명해줄 때 지금껏 자신이 받아보지 못한 질문을 받게 된다고 해요. 그렇게 받은 질문에 답하는 과정에서 본질에 가까운 학습을 하게 되는 것입니다.

자신이 배워서 남에게 줄 수 있는 정도가 되려면 그 개념을 잘 알고 있어야 합니다. 남의 입장에서 이해가 잘 되는지도 확인해봐야 합니다. 학습에서 중요한 은유와 메타 인지가 일어나는 순간입니다. 은유란 어떤 대상을 빗대어 표현하는 것을 말합니다. 어떤 대상이 생소해 이해하기 어려울 때 우리는 자신에게 익숙한 대상을 가지고 설명해요. 그것이 바로 은유입니다. 또 자신이 설명하는 것을 다른 사람이 제대로 듣고 잘 이해할 수 있을지를 확인하는 것이 바로 메타 인지입니다. 배워서 남을 주려고 했던 0.1퍼센트의 아이들은 바로 은유와 메타 인지를 계속 활용하고 있었던 것입니다. 그러니 성취도가 높은 것은 두말하면 잔소리겠죠?

자신이 가진 것을 나눌 수 있으려면 공감 능력이 무엇보다 필요합니다. 다른 사람의 입장에서 생각해보는 능력을 말하죠. 공감 능력은 남녀의 차이가 있지만 보통 후천적으로 얻게 됩니다. 훈련과 교육에 의해 공감 능력을 기를 수 있어요. 가장 좋은 선생님이 어머니와 가족입니다. 가정에서 아이의 감정을 잘 읽어내어 아이의 말에 공감해주면 아이의 공감 능력을 키워줄 수 있습니다.

아이가 "공부 왜 해야 돼요?"라고 말한다면 그 말에는 "공부하기 힘들어요."라는 감정이 숨어 있습니다. 아이가 공부를 왜 해야 하는지에 대한 이유를 묻는 게 절대로 아니에요. 그저 공부하기 힘드니까 위로해달라는 마음, 불평을 들어주길 바라는 마음이 숨어 있는 것이죠. 그런 아이에게 "아니, 이건 기본인데 이게 뭐가 힘들다고?"라고 말하는 것 자체가 부모의 공감 능력이 떨어지는 것입니다. 기억하세요. 공감이란 바로 다른 사람의 입장에서 생각해보는 능력이라는 것을. 아이들 입장에서는 어떤 공부든 힘들 수 있어요.

코로나19 바이러스 때문에 밖에 나가 마음대로 뛰어놀지도 못하고, 교실에서 삼삼오오 어울려 놀지도 못하고, 집에서 혼자 컴퓨터 화면만 바라보며 온라인 학습을 하다가 또 혼자 노는 아이들을 생각해보세요. 학교에서 친구들과 함께 뛰어놀며 공부할 때도 힘들었는데 지금은 더 힘들지 않을까요? 일단 아이의 마음을 읽어주세요. 그것이 바로 아이의 공감 능력을 키워주는 가장 중요한 방법입니다.

## 꿈이 있는 아이가 행복하다

마지막으로 가장 하고 싶은 이야기가 하나 남아 있습니다. 바로 꿈에 관한 이야기입니다. 여러분에게 꿈은 어떤 의미인가요? "오르지 못할 나무는 꿈도 꾸지 마라." 혹은 "애들 꿈은 개꿈"이라는 쪽에 가까운가요? 아니면 "미래는 꿈꾸는 자의 것이다." 쪽인가요? 저는 꿈이라는 단어를 무척 좋아합니다. 제 이메일에도, 닉네임에도 드림(꿈)을 쓸 만큼 좋아합니다.

우리 아이를 나눔을 실천하는 아이로 자라게 하기 위해 어떻게 가르치는 것이 좋을지에 대한 의문을 가지고 다양한 책을 읽던 중 이지성 작가의 책을 다시 보게 됐습니다. 그중 『꿈꾸는 다락방』에서 "R=VD"라는 묘한 공식을 볼 수 있었습니다. 생생하게 꿈을 꾸면 이루어진다는 'Realization=Vivid Dream'의 공식입니다. 정말 마음을 설레게 만드는 공식이 아닌가요?

사실 꿈은 식었던 마음에 불을 지피고 어두웠던 마음에 등불을 켜게 만드는 원동력입니다. 삶 전체를 움직이게 하는 힘도 될 수 있죠. 피아니스트 김선욱은 2006년 리즈 국제 콩쿠르에서 최연소 우승을 하며 세계적으로 주목을 받았습니다. 당시 브람스 협주곡 1번을 연주해 심사

위원 만장일치의 호평을 받으며 재능을 인정받았죠. 그에게는 아주 유명한 일화가 하나 있습니다. 바로 예술의 전당에 있는 김선욱 자리입니다. 그는 초등학교 1학년 때부터 예술의 전당에서 공연을 보기 시작했습니다. 일주일에 5회 정도 공연을 볼 만큼 음악의 매력에 푹 빠졌죠. 그리고 "나도 언젠가 저 무대에서 연주하고 싶다."는 꿈을 꾸었다고 해요. 그의 꿈은 한예종에 입학하고 나서도 계속 이어졌고 결국 만 18세의 나이로 리즈 국제 콩쿠르에서 우승을 하게 됩니다. 이후 자신과 같은 마음으로 음악을 사랑하며 음악가를 꿈꾼 어린 친구들이 생기길 바라며 자신이 앉던 자리를 지정해 객석 기부를 했습니다. 예술의 전당 객석 기부 1호의 주인공이 바로 그입니다. 그리고 자신의 꿈이 다음 세대의 꿈으로 이어지며 시대를 초월하는 관계를 맺게 된 것이죠.

"어렸을 때 가졌던 꿈을 이룬 사람이 도대체 얼마나 되겠어?" 보통 꿈은 이루지 못하는 것이라고 생각하기 쉽죠. 실제로 한 조사에 따르면 80퍼센트의 사람들이 어릴 적 꿈을 이루지 못했다고 해요. 20퍼센트의 사람만이 꿈을 이루었다고 응답했습니다. 과연 20퍼센트의 사람들은 어떤 사람들이기에 자신의 꿈을 이루었다고 말하는 것일까요?

그들은 집요하게 자신의 꿈을 생각하고 그 꿈을 위해 노력했던 사람들이었습니다. 주변의 만류에도 불구하고 꿈에 대한 강한 집착이 있었기 때문에 실패로 인해 좌절할 때도 다시 일어설 수 있었던 것입니다. 『꿈꾸는 다락방 – 실천편』에 나오는 영국직물소매상협회의 표본조사를 예로 들어볼까요? 전체 영업 사원 중 48퍼센트는 고객과 한 번 접촉하고 말고, 25퍼센트는 두 번 접촉하고 말며, 15퍼센트는 세 번 접촉하고 만다고 합니다. 즉, 전체 영업 사원의 88퍼센트가 고객과 두어 번 정도 접촉하는 데 만족하고 그 이상 어떤 시도도 하지 않은 겁니다. 어릴 적 꿈을 이루지 못한 80퍼센트의 사람과 비슷한 수치가 아닌가요? 놀랍게도 영국직물소매상협회의 영업 사원 중 12퍼센트에 해당하는 사람들이 전체 판매량의 80퍼센트를 팔고 있다고 해요. 그들은 "끝까지 시도하면 어떤 고객에게도 물건을 팔 수 있다."라는 사고방식으로 모든 시도를 아끼지 않고 결국 목표를 달성한다고 합니다.

"저희 아이는 이루고 싶은 꿈이 없다고 해요."

이렇게 꿈이 없다고 말하는 아이들이 요즘 들어 많아지고 있다는 사실에 안타까울 뿐입니다. 물론 그럴 수 있습니다. 그 아이는 단지 자신의 심장을 두근거리게 할 무언가를 아직 발견하지 못한 것뿐이에요. 아직 자신의 뇌리에 박힐 만한 생생한 경험을 하지 못해서, 다양한 이야기를 나눠보지 못해서 그런 것일 뿐입니다. 결코 꿈이 없는 것이 아닙니다. 그리고 그 아이도 얼마나 답답할지 생각해보세요. 매년 3월 초가 되면 선생님이 아이에게 자신의 꿈을 쓰라고 하는데 뭘 써야 할지 막막한 기분을 말이죠.

이제 시각을 좀 바꿔보는 것은 어떨까요? 학부모 자신들조차 꿈을 이루기 위해 살지 않으면서 아이에게 늘 "공부 열심히 해라." "꿈을 가져라." "최선을 다해라."라고 말한다면 그것은 모두 잔소리일 뿐입니다. 학부모 스스로 아이에게 보여줄 만한 꿈을 갖고 있는지 되돌아보세요.

매사에 최선을 다하고 있는지 확인해보세요. 부모로서 꿈을 보여주고 자신의 꿈대로 살아가는 모습을 보여주면 아이들도 부모의 모습을 자연스럽게 닮아갈 것입니다.

부록

# 온택트 공부법 Q&A

혼자 공부를 시작할 때 궁금해하는

질문과 답변들

# ▶️❚● 온택트 공부법 Q&A

Q. **온라인 학습을 할 때 어떤 기기들을 준비해야 하나요? 웹캠, 프린터는 정말 필요한가요?**

A. 온라인 학습은 쌍방향, 단방향, 블렌디드 수업이 있습니다. 온라인 학습을 하려면 우선 인터넷을 할 수 있는 정보화 기기는 꼭 필요해요. 데스크탑, 노트북, 태블릿 PC, 스마트폰, 크롬북이 있어요. 이 중에서 적절하게 고르면 될 것 같습니다.

웹캠은 쌍방향 수업을 할 때 필요합니다. 데스크탑만 있을 경우에 필요해요. 노트북이나 태블릿 PC, 스마트폰, 크롬북에는 모두 카메라가 내장돼 있으므로 따로 구입을 하지 않아도 됩니다. 간혹 학부모의 교육 철학 때문에 아이에게 스마트폰을 사주지 않거나 맞벌이로 가정에 있는 시간이 부족한 경우에는 학교에 정보화 기기 대여 서비스를 신청하면 됩니다.

개인적으로 프린터는 필요하다고 생각합니다. 꼭 온라인 학습을 위한 목적이 아니어도 평소 아이의 학습을 도와주다 보면 과제를 출력하거나 결과물들을 출력해 모아두는 편이 좋더군요. 저렴한 잉크젯 프린터를 한

대 사두는 것을 추천합니다.

Q. **노트북과 태블릿 PC 중 어떤 기기를 사는 것이 좋을까요?**

A. 이미 컴퓨터가 있다면 웹캠과 마이크만 준비하면 됩니다. 제가 온라인 쌍방향 수업을 기기별로 다뤄본 결과 선호도를 말씀드리면 1위는 컴퓨터와 노트북, 2위는 태블릿 PC, 3위는 스마트폰 순이었습니다.

간혹 온라인 학습 사이트에서 제공하는 학습용 태블릿 PC에 쌍방향 화상회의 앱(ZOOM)을 설치해 사용하는 분들이 있는데 조금 불편할 수 있습니다. 제가 사용해본 바로는 학습용 태블릿 PC에 줌zoom을 설치하여 사용할 경우 영상과 소리를 처리하는 속도가 학습용이 아닌 일반 태블릿 PC보다 느려서 영상이나 소리가 자꾸 끊기는 현상이 있었습니다.

그리고 태블릿 PC나 스마트폰으로 쌍방향 수업을 진행했을 때의 단점은 화면 크기가 작다는 것입니다. 선생님이 보여주는 자료들이 잘 보이지 않을 수 있고 또 컴퓨터와 노트북만큼 정보 처리가 원활하지 못하다는 점도 단점입니다. 예를 들어 컴퓨터나 노트북에서 온라인 쌍방향 수업을 진행하면서 E-학습터나 구글 클래스룸에 접속해 자료를 만드는 데는 무리가 없으나 태블릿 PC나 스마트폰으로는 굉장히 불편할 수 있습니다.

Q. **온라인 학습으로 아이가 혼자 공부하는 데 도움이 되는 사이트나 앱이 있을까요?**

A. 학년 공통
  • 디지털 교과서 앱

- 일일수학 https://www.11math.com

- 칸 아카데미 https://ko.khanacademy.org

- 함께놀자 https://sites.google.com/view/playstart

- 국립중앙박물관 https://www.museum.go.kr

- 구글 아트 앤 컬처 https://artsandculture.google.com


### 초등 저학년의 경우

- 다국어 동화구연 https://storytelling.nlcy.go.kr

- 똑똑! 수학탐험대 https://www.toctocmath.kr

- 기초학력 향상 지원 사이트 '꾸꾸' www.basics.re.kr

- 초등 받아쓰기 앱


### 초등 중학년의 경우

- 사회과학 요점 앱

- 사회퀴즈 앱(학년별,학기별)

- 수학연습 앱

- 캐치잇 잉글리시 앱


### 초등 고학년의 경우

- 주니어 커리어넷 홈페이지 www.career.go.kr/jr

- 미래 직업 체험 실감형 콘텐츠 앱

Q. 아이가 온라인 학습을 하다가 자꾸 유튜브 영상을 봐요.

A. 아이가 수업을 듣지 않고 다른 영상을 보느라 집중을 못 하니 많이 속상하시겠어요. 사실 유튜브 영상들은 하나가 끝나면 이어서 다음 재생이 실행되거나 관련 영상들이 계속 떠서 아이들의 호기심을 자극하죠. 아이들에게 절제 훈련을 잘 시켜야 할 것 같아요.

우선 영상이 끝나고 나서 더 보고 싶은 영상이 뜨면 제목을 적어놓으라고 하세요. 수업 하나당 하나씩만 적어야 합니다. 보고 싶은 영상은 수업을 모두 마친 후 쉬는 시간에 보는 것으로 정하고 약속을 꼭 지키게 하세요. 반드시 미디어 사용 시간을 지키도록 해야 합니다.

보고 싶은 영상도 보고, 하고 싶은 게임도 다 하다간 학습 시간이 절대적으로 부족해집니다. 한 시간 혹은 두 시간씩 아이와 미디어 사용 시간을 정해놓고 그 시간에서 차감하도록 하세요. 절제는 훈련입니다. 처음에는 어렵고 힘들지만 익숙해지면 결국 아이를 도와주고 살리는 길이 됩니다.

Q. 온라인 학습을 할 때 아이한테 전화가 너무 자주 와요. 업무하느라 바쁜데 안 받을 수도 없고 어떻게 하나요?

A. 맞벌이 부모들은 자녀 학습까지 봐주느라 정말 많이 바쁘고 힘들 겁니다. 아이가 업무 중에 전화를 하면 안 받을 수도 없고 곤란하겠죠. 보통 초등학교 저학년 학생들이 엄마의 도움을 많이 원하고 전화도 많이 할 겁니다. 모르는 문제가 나왔다 싶으면 깊이 생각하지도 않고 곧바로 "선생님!", "엄마" 하고 불러서 바로 도움을 요청하죠. 그러다 고학년이 되면 모르는 게 있어도 전화로 하지 않고 그냥 넘어가버리기 일쑤입니다.

사실 아이들이 도움을 요청할 때 곧바로 해답을 주는 것은 교육에 큰 도움이 되지 않습니다. 아이에게 생각할 시간을 주지 못하니까요. 여유를 가지고 살짝 뜸을 들이면 아이도 문제를 해결하기 위해 이리저리 궁리를 하게 됩니다. 그러니 아이에게 전화를 받을 수 없는 시간을 알려주고 먼저 혼자 생각해보고 자신이 생각해본 방법을 알려달라고 말해주세요. 또 학습에 대한 내용은 선생님에게 질문하는 것임을 배울 수 있도록 선생님 찬스를 써도 좋습니다.

그리고 온라인 학습을 할 때 온라인 환경에 대해 아이가 많은 요구를 할 수 있어요. 온라인에 접속해 영상을 보는 데 문제가 있다거나 과제를 올리기 어려워하는 등 프로그램 작동 방법에 대한 어려움을 호소할 경우에는 무료 원격 프로그램을 이용해 컴퓨터 작업을 도와줄 수 있습니다.

Q. 저희 집 아이는 공부를 왜 하냐고 자꾸 물어요. 미래에 도움이 된다고 얘기를 해도 백수가 좋대요. 어떻게 하죠?

A. 아이가 학습에 대한 동기 부여가 되질 않아 힘든가 봅니다. 혹은 동기 부여는 어느 정도 됐어도 막상 학습을 해보니 생각만큼 잘 풀리지 않아 힘들다는 푸념을 그런 식으로 표현한 것일 수도 있어요.

공부를 해나간다는 것이 항상 즐겁고 쉬운 것은 아닙니다. 아이가 힘들고 어렵다고 표현할 때는 아이의 마음을 잘 다독여주고 이야기를 잘 들어주세요. 아이들은 누구나 잘하고 싶은 마음이 있어요. 그런데 노력은 조금만 하고 좋은 성과가 나오기를 기대하죠. 정당한 과정 없이 훌륭한 결과만을 바라는 건 도둑놈 심보가 아닐까요?

작은 책과 두꺼운 책을 책상 위에 두고 민다고 생각해보세요. 작은 책은 손가락 하나만으로도 밀 수 있어요. 하지만 상당히 두꺼운 책은 두 손을 모두 사용해야 겨우 밀 수 있어요. 그만큼 더 큰 힘이 필요합니다. 책의 무게만큼 마찰력이 생기기 때문이죠. 책의 무게보다 더 큰 힘을 줄 때 책이 밀리겠죠. 그만큼 힘과 노력이 더 필요한 것입니다.

공부도 마찬가지예요. 1, 2학년의 공부는 작은 책에 비유할 수 있어요. 고학년으로 갈수록 두꺼운 책이 됩니다. 두꺼운 책을 밀려면 그만큼의 힘과 노력이 필요합니다. 아이는 지금 그 과정이 힘들다고 말하는 거예요. 일단은 다독여주고 대화하면서 어떤 점 때문에 힘든지 물어보세요. 그러면 아이 스스로 대답해줄 겁니다. 거기서부터 실마리를 풀어나가세요. 아이는 이미 답을 알고 있답니다.

Q. **티칭 데이를 가지려고 하니 아이가 막막해합니다. 또, 엄마를 가르친다고 하니 어색해하고요. 도와주세요.**

A. 처음엔 누구나 티칭 데이를 힘들어합니다. 구체적인 방법으로 말씀드릴게요. 먼저 교과서에 나오는 학습 문제들을 기준으로 설명해나가도록 해보세요. 티칭 데이에서는 주로 수학, 사회, 과학을 다루면 좋습니다. 수학의 경우 문제 풀이 방법을 설명하면서 문제 풀이의 과정을 스스로 정리해볼 수 있기 때문이죠. 사회나 과학은 학습 문제를 중심으로 학습 내용을 정리해볼 수 있으니 전체적인 내용을 이해하는 데 도움이 됩니다.

아이가 엄마를 가르치는 것을 어색해하면 언니나 오빠 등 다른 사람을 가르쳐보는 것도 좋습니다. 만약 동생을 가르쳐야 한다면 수학을 제외한 사회나 과학이 적당합니다.

Q. 학교에서 하는 온라인 수업으로는 아이가 학습을 제대로 하는지 잘 모르겠어요. 그래서 학습기와 인강을 시작하려고 하는데요. 잘 따라 갈 수 있을까요?

A. 학교에서 하는 단방향 콘텐츠 수업으로는 학습량이 부족해 보였군요. 혹시나 학습 결손이 있을까 봐 인강을 수강하려는 것일 테고요. 아이가 학교 수업을 통해 부족한 점이 있다고 느낀다면 사교육의 도움을 받는 것도 좋습니다. 단, 아이가 학교의 단방향 콘텐츠 수업을 들을 때 성실하게 수업을 잘 들었나요? 과제도 꼼꼼히 잘 냈나요? 아이가 학교 온라인 수업을 잘하고 있다면 학습기나 인강을 들을 때도 잘 해낼 겁니다. 만약 학교 온라인 수업도 제대로 듣지 않고 있다면 학습기로 인강을 수강해도 큰 차이는 없을 거예요. 아이가 스스로 온라인 수업을 잘 듣는지, 자기 주도형 학습을 잘 해내고 있는지 항상 확인해주세요.

Q. 일일 학습량 때문에 아이와 실랑이가 벌어졌어요. 제가 보기에 아이가 하루에 꼭 해야 할 학습량이 있는데 아이는 무조건 적게 하려고 해요. 그래야 실천을 잘할 수 있다나요? 일주일 단위의 학습 계획표를 짤 때 학습량은 어떻게 정하나요?

A. 학습량은 아이와 함께 짜는 것이 좋아요. 엄마가 일방적으로 정해주면 아이는 따라가야 할 뿐이죠. 그러면 자기 주도적이기보다 엄마 주도적인 학습이 될 수밖에 없습니다. 만약 아이는 학습량을 계속 줄이고 싶고, 엄

마는 늘리거나 아이가 정한 양보다 많이 하기를 원할 때는 아이와 타협을 해야 합니다. 학습량 때문에 실랑이가 벌어졌다면 아이의 공부 동기와 크게 관련이 있습니다. 아이와 함께 이야기를 나누면서 공부 동기도 점검해보세요.

학부모 입장에서 절대 양보할 수 없는 과제들이 있을 겁니다. 그런 과제들을 몇 가지 추려낸 후 아이와 타협을 보도록 하세요. 그리고 목표 시간을 정하세요. 예를 들어 오늘 해야 할 일들은 오후 4시까지 완성한다는 목표를 정하는 겁니다. 그 목표들을 정해진 시간 안에 모두 해내고 완성도도 높다면 그 다음에는 마음 편하게 놀도록 놔두세요. 다음 날엔 목표 시간을 5분 정도 줄여 집중도를 더 올리는 식으로 시도해보세요. 만약 목표가 완성됐다면 칭찬과 격려를 잊지 마시고요.

20년 차 베테랑 교사가 전하는 혼자 공부의 힘

# 초등 온택트 공부법

**1판 1쇄 인쇄** 2021년 1월 15일
**1판 1쇄 발행** 2021년 1월 25일

**지은이** 김효경
**펴낸이** 고병욱

**책임편집** 이미현 **기획편집** 이새봄
**마케팅** 이일권 한동우 김윤성 김재욱 이애주 오정민
**디자인** 공희 진미나 백은주 **외서기획** 이슬
**제작** 김기창 **관리** 주동은 조재언 **총무** 문준기 노재경 송민진

**교정교열** 김승규
**일러스트** 강현수

**펴낸곳** 청림출판(주)
**등록** 제1989 – 000026호

**본사** 06048 서울시 강남구 도산대로 38길 11 청림출판(주) (논현동 63)
**제2사옥** 10881 경기도 파주시 회동길 173 청림아트스페이스 (문발동 518 – 6)
**전화** 02 – 546 – 4341 **팩스** 02 – 546 – 8053
**홈페이지** www.chungrim.com **이메일** life@chungrim.com
**블로그** blog.naver.com/chungrimlife **페이스북** www.facebook.com/chungrimlife

ⓒ 김효경, 2021

**ISBN** 979-11-88700-77-6 (13590)